神奇的自然地理百科丛书

流动的音符——河流

谢 宇◎主编

花山文艺出版社

河北·石家庄

图书在版编目（CIP）数据

流动的音符——河流 / 谢宇主编. — 石家庄：花
山文艺出版社，2012（2022.2重印）
　　（神奇的自然地理百科丛书）
　　ISBN 978-7-5511-0666-5

　　Ⅰ．①流… Ⅱ．①谢… Ⅲ．①河流－中国－青年读物
②河流－中国－少年读物 Ⅳ．①P942.077-49

中国版本图书馆CIP数据核字(2012)第248535号

丛 书 名：**神奇的自然地理百科丛书**
书 　 名：**流动的音符——河流**
主 　 编：**谢　宇**

责任编辑：尹志秀
封面设计：袁　野
美术编辑：胡彤亮
出版发行：花山文艺出版社（邮政编码：050061）
　　　　　（河北省石家庄市友谊北大街 330号）
销售热线：0311-88643221
传 　 真：0311-88643234
印 　 刷：北京一鑫印务有限责任公司
经 　 销：新华书店
开 　 本：700×1000　1/16
印 　 张：10
字 　 数：140千字
版 　 次：2013年1月第1版
　　　　　2022年2月第2次印刷
书 　 号：ISBN 978-7-5511-0666-5
定 　 价：38.00元

前　言

　　人类自身的发展与周围的自然地理环境息息相关，人类的产生和发展都十分依赖周围的自然地理环境。自然地理环境虽是人类诞生的摇篮，但也存在束缚人类发展的诸多因素。人类为了自身的发展，总是不断地与自然界进行顽强的斗争，克服自然的束缚，力求在更大程度上利用自然、改造自然和控制自然。可以毫不夸张地说，一部人类的发展史，就是一部人类开发自然的斗争史。人类发展的每一个新时代基本上都会给自然地理环境带来新的变化，科学上每一个划时代的成就都会造成对自然地理环境的新的影响。

　　随着人类的不断发展，人类活动对自然界的作用也越来越广泛，越来越深刻。科技高度发展的现代社会，尽管人类已能够在相当程度上按照自己的意志利用和改造自然，抵御那些危及人类生存的自然因素，但这并不意味着人类可以完全摆脱自然的制约，随心所欲地驾驭自然。所有这些都要求人类必须认清周围的自然地理环境，学会与自然地理环境和谐相处，因为只有这样才能共同发展。

　　我国是人类文明的重要发源地之一，这片神奇而伟大的土地历史悠久、文化灿烂、山河壮美，自然资源十分丰富，自然地理景观灿若星辰，从冰雪覆盖的喜马拉雅、莽莽昆仑，到一望无垠的大洋深处；从了无生气的茫茫大漠、蓝天白云的大草原，到风景如画的江南水乡，绵延不绝的名山大川，星罗棋布的江河湖泊，展现和谐大自然的自然保护区，见证人类文明的自然遗产等自然胜景共同构成了人类与自然和谐相处的美丽画卷。

　　"读万卷书，行万里路。"为了更好地激发青少年朋友的求知欲，最大程度地满足青少年朋友对中国自然地理的好奇心，最大限度地扩展青少年读者的自然地理知识储备，拓宽青少年朋友的阅读视野，我们特意编写了这套"神奇的自然地理百科丛书"，丛书分为《不断演变的明珠——湖泊》《创造和谐的大自然——自然保护区 1》《创造和谐的大自然——自然保护区 2》《历史的记忆——文化与自然遗产博览 1》《历史的记忆——文化与自然遗产博览 2》《流动的音符——河流》《生命的希望——海洋》《探索海洋的中转站——岛屿》《远航的起点和终点——港口》《沧海桑田的见证——山脉》十册，丛书将名山大川、海岛仙境、文明奇迹、江河湖泊等神奇的自然地理风貌一一呈现在青少年朋友面前，并从科学的角度出发，将所有自然奇景娓娓道来，与青少年朋友一起畅游瑰丽多姿的自然地理百科世界，一起领略神奇自然的无穷魅力。

　　丛书根据现代科学的最新进展，以中国自然地理知识为中心，全方位、多角度地展现了中国五千年来，从湖泊到河流，从山脉到港口，从自然遗产到自然保护区，从海洋到岛屿等各个领域的自然地理百科世界。精挑细选、耳目一新的内容，更全面、更具体的全集式选题，使其相对于市场上的同类图书，所涉范围更加广泛和全面，是喜欢和热爱自然地理的朋友们不可或缺的经典图书！令人称奇的地理知识，发人深思的神奇造化，将读者引入一个全新的世界，零距离感受中国自然地理的神奇！流畅的叙述语言，逻辑严密的分析理念，新颖独到的版式设计，图文并茂的编排形式，必将带给广大青少年轻松、愉悦的阅读享受。

编者
2021年8月

目　录

第一章

中国河流的主要特点

中国河流具有自己的明显特点，主要表现为：水量丰沛、数量众多、资源丰富、水系多样。

一、水量丰沛

水量丰沛是中国河流的突出特点。平均每年河川径流总量达16910多亿立方米，居世界第五位。如果把全年的河川径流总量平铺在全国的土地上，将获得一个平均深度为176毫米的水层，这一深度称为径流深度，是表示河流水量丰富与否的一个重要标志。在世界上面积最大的6个国家中，中国的径流深度居第六位。

全世界河口流量在1万立方米/秒（相当于年径流总量为3154

亿立方米）以上的25条河流中，在中国境内入海的有长江和珠江，发源或流经中国的尚有雅鲁藏布江（下游是布拉马普特拉河，流量为世界第九位）、澜沧江（下游是

森林中的河流

湄公河，流量为世界第十八位）、额尔齐斯河（下游是鄂毕河，流量为世界第二十一位）及黑龙江4条。长江的年径流总量9513亿立方米，仅次于亚马孙河（219750亿立方米）和刚果河（41800亿立方米），居世界第四位。若长江与美国最大的河流——密西西比河相比，长江流域面积仅为密西西比河的60%，年径流总量却是密西西比河的158%，长江流域平均径流深度为542毫米，密西西比河仅为183毫米，只相当于长江的1/3。中国河流水量虽然丰沛，但年内分配很不均匀，随着季节的更替而有明显的变化。河川径流的季节变化，一般用某一季节的水量占全年总水量的百分数来表示。由于中国面积广大，各地区四季的起讫时间很不一致。为了便于比较，通常以12月至次年2月为冬季，3月～5月为春季，6月～8月为夏季，9月～11月为秋季。冬季是中国河川径流最为枯竭的季节，大部分地区冬季水量占全年总水量的10%以下，总的趋势是从南向北递减，秦岭、淮河以南地区，虽然冬季无冰冻现象，降

水量也较多，但水量超过10%的河流仅为钱塘江中下游、湘江水系的一部分、云贵高原的部分河流及西南纵谷河流。台湾岛上的河流，冬季水量最丰，可达15%以上，甚至高达25%。北方河流，因冬季降水量少，受冰冻影响，水量大部不及全年的5%，只有黄土高原北部、太行山区以地下水补给为主的河流能达到10%左右。

春季是中国河川径流普遍增多的季节，但增长的程度相差悬殊。总的来讲是"二多二少"，即江南和东北多，华北和西南少。长江、淮河以南的河流水量，一般占全年总水量的20%以上，江南丘陵区因雨季来临，春季水量可达40%左右。东北及西北阿尔泰山地区，因冬季积雪较厚，春汛水量可达20%～30%，个别地区高达40%。华北地区冬季积雪较薄，春汛很小，这个时期降水量又少，因此春季水量占不到10%，春旱普遍。西南地区属于西南季风区，雨季开始迟，春季降雨很少，但气温已经升高，蒸发旺盛，河流出现全年最枯流量，水量一般占5%～10%，比冬

季还少。此外，台湾岛和海南岛春季水量占15%左右，比冬季也略有减少。

夏季是中国河川径流最丰盈的季节。由于东南和西南季风的影响，大部分地区降水量大增，但增加幅度是北方大于南方，西部大于东部，南方河流水量一般占全年总水量的40%～50%；但江南丘陵地区，因受副热带高压控制，只占40%以下，反而出现旱情。在北方，因雨量集中，且多暴雨，水量可达50%以上。西部高原、高山区，因气温升高，冰川积雪大量融化，水量高达60%～70%。总之，绝大多数中国河流夏季进入汛期，洪水灾害多在此时出现。

秋季是中国河川径流普遍减少的季节，大部分地区的河流水量，只有全年总水量的20%～30%，总的趋势仍是北方多于南方。江南丘陵区仅10%～15%；东南沿海虽受台风影响，秋季水量也只占20%～25%；西南地区，因西南季风撤退较迟，秋季仍属雨季，水量可高达35%～40%；秦岭山地及以南地区，因受低压槽和地形影响

降水较多，水量亦达40%；黄土高原和华北平原一带也是30%左右。此外，海南岛秋季水量高达50%左右，是全国最高的地区。

从上述中国河流各季径流的地区分布概况可以看出，夏季丰水，冬季枯水，春秋过渡，成为中国河流季节变化的基本特点。当然也有例外，例如江南丘陵和黄土高原的无定河流域，前者是春季占优势，后者是四季均匀，优势不明显。

二、河流众多

数量多，流程长，是中国河流的又一突出特点，全国流域面积在100平方千米以上的河流有50000余条，1000平方千米以上的河流有1580条，大于1万平方千米的尚有79条。其中长江和黄河，不仅是亚洲最长的河流，也是世界著名的巨川，在世界最长的河流中，长江和黄河分别列为第三位和第五位。此外，流经或发源于中国的澜沧江、黑龙江，也都在世界最长的十大河流之列。

中国陆地面积约与欧洲或美国相近，然而大河的数量却远远多

潺潺秋水

于欧洲和美国。甚至面积为中国两倍多的北美洲，长度超过1000千米的大河条数也仅为中国的2/3。如果把中国的天然河流连接起来，总长度达43万千米，可绕地球赤道10圈半。

中国的河流虽多，但在地区上分布很不均匀。一个地区河流的多少，常用河网密度表示。中国的河网密度总的趋势是南方大，北方小；东部大，西部小。中国东部地区的河网密度都在0.1（千米/平方千米）以上，而西部内陆区几乎在0.1以下，且有大片的无流区，

东部地区的南方和北方也相差很大，南方几乎在0.5以上，长江和珠江三角洲是中国河网密度最大的地区，都在2.0以上，长江三角洲甚至高达6.7。北方的山地丘陵地区，河网密度一般在0.2~0.4，地势低平的松嫩平原、辽河平原和华北平原，一般都在0.05以下，甚至出现无流区。

中国外流区的河流沿着3个地形斜面分别注入太平洋、印度洋和北冰洋。向东的地形斜面属于太平洋流域，面积最大，约为544.5万平方千米，占全国总面积的

56.7%。众多的河流分别注入太平洋西岸的各个边缘海，故又可分成若干海洋的流域。自北向南有：黑龙江属鄂霍次克海流域，图们江、绥芬河属日本海流域，鸭绿江、辽河、滦河、海河、黄河和淮河等属黄、渤海流域，长江、钱塘江、瓯江、闽江等属东海流域，韩江、珠江、元江、澜沧江等属南海流域，此外，台湾岛东部的河流直接注入太平洋。

向南的地形斜面属于印度洋流域，面积约62.5万平方千米，为全国总面积的6.5%，主要分布在青藏高原的东南部、南部和西南角，东面以唐古拉山脉、他念他翁山和怒山与太平洋流域为界。中国的印度洋流域各河流，下游均流出国境，经邻国分别注入不同海域。例如怒江等流入安达曼海，雅鲁藏布江及喜马拉雅山南麓诸河注入孟加拉湾，西南端的狮泉河、象泉河汇入印度河，注入阿拉伯海。

向北的地形斜面一部分属于北冰洋流域，面积最小，仅5万平方千米，中国的北冰洋流域河流仅额尔齐斯河一条，它的下游经俄罗斯鄂毕河，注入北冰洋的喀拉海。

三、水系类型多样

一条干流及其支流组成的河网系统称为水系，如果有湖泊与河流相通，湖泊也应是水系的一部分，水系有各种各样的平面形态，不同的平面形态可以产生不同的水情，尤其对洪水的影响更为明显。水系主要受地形和地质构造的影响。由于中国地形多样，地质构造复杂，因此水系类型也多种多样。树枝状水系是中国河流中最普遍的类型，多发育在岩性均一、地层平展的地区，以黄土高原、四川盆地和华南丘陵的水系较为典型。珠江是中国树枝状水系的典型代表，这种水系因支流交错汇入干流，水流先汇入的先泄，后汇入的后泄，因此洪水

长江三峡风光

不易集中，对干流威胁较小。

格子状水系在中国也很常见。因为中国东部有几条平行排列的褶皱构造带，河流沿构造带发育，使干支流之间多呈直角相会，例如在福建、浙江、广东等省和辽东丘陵、祁连山、天山等地都发育了许多格子状水系，其中，典型代表是闽江。

干流粗壮，支流短小且平行排列，从左右相间汇入干流的水系称羽状水系。例如西南纵谷地区的河流，干流沿断裂带发育，两岸流域狭小，地形陡峻，支流短小平行。

海河是中国典型的扇形水系。北运河、永定河、大清河、子牙河及南运河等五大支流在天津附近汇合后入海，庞大的支流构成了"扇面"，汇合后的入海河道是短而粗的"扇柄"。这种水系使支流洪水集中，容易发生洪涝灾害。扇形水系还广泛发育在中国许多山前冲积扇及三角洲平原上，不过它们与海河相反，是辐散型的，上游似扇柄，下游分支很多，好似扇面结构。

淮河是典型的不对称水系，干流偏于流域南部，南岸支流短小，控制的流域面积也很小；北岸支流长，且平行排列，控制的流域面积很大。这些平行的支流，又是中国较为典型的平行状水系，或称为梳状水系。

此外，在中国西部的藏北高原上，还有许多以内陆湖泊为中心的辐合状水系；在山东半岛、海南岛等地有受穹隆构造控制的辐射状水系。这两种水系在我国占的面积很小。

四、地区差异显著

中国有两条重要的水文分界线，这就是外流区和内流区的分界线以及外流区中南方和北方的分界线。

河水最终能注入海洋的河流称为外流河，它们的集水区域称为外流区；河水最终不能汇入海洋，或消失在干旱的沙漠之中，或以内陆湖泊作为归宿的河流称为内流河，它们的集水区域称为内流区。中国内、外流区的分界线，北起大兴安岭西麓，大致沿东北—西南方向，经阴山、贺兰山、祁连山、日月山、巴颜喀拉山、念青唐古拉山

宁静的江面

和冈底斯山，直至西藏西部的国境线为止。这条线以东，除鄂尔多斯高原、松嫩平原及雅鲁藏布江南侧的羊卓雍湖一带有面积不大的内流区外，其余全是外流区；这条线以西，除新疆北部的额尔齐斯河流域外都是内流区。内、外流区的分界线与我国200毫米等雨量线大致相同。因此，它实际上也是一条气候和自然景观的分界线，以西是牧业为主的非季风气候区，以东是农业为主的季风气候区。不同的气候条件，赋予河流不同的特性：外流河主要水源是降雨，水量一般较为丰富，在前进过程中"左右逢源"，有不少支流汇入，水量沿程增多，河水量的变化随降水而变，河网密度较大。内流河多以冰川积雪融水为主要水源，一般水量较小，而且支流很少，水量沿程不断减少，河中水量又随气温而变，到了冬天，气温很低就断流了，故多为季节性河流。

在中东部的外流区中，南方和北方的分界线是秦岭—淮河。这一界线相当于年降水量为700毫米～800毫米等雨量线的位置，其北属于半湿润半干旱地区，其南属于湿润地区。这一界线又相当于全年最冷月（1月份）平均气温0℃的等温线，故秦岭—淮河一线也是中国暖温带和亚热带的分界线。这条重要的分界线以南和以北的河流有着截然不同的特点。

秦岭—淮河一线以北的河流，包括东北河流和华北河流两类，二者以松花江—辽河分水岭为界。分水岭以北为东北河流，包括黑龙江、松花江、图们江、鸭绿江等；以南为华北河流，包括辽河、滦河、海河和黄河等。秦岭—淮河一

线以南的河流，主要指长江、珠江以及东南沿海诸河，统称为南方河流。淮河北岸各支流具有华北河流的特性，干流本身及南岸各支流具有南方河流的特性，故淮河水系可作为过渡性水系看待。

南方河流和华北河流的主要差异表现在：

（1）华北河流的水量远远小于南方河流。华北河流无论长短，其平均流量均小于南方相应大小的河流，甚至南方一条小河也往往会比华北一条大河的水量多。以大河来说，黄河的流域面积为珠江的1.66倍，长度为珠江的两倍半，而水量仅为珠江的1/6。黄河流域面积为闽江的12倍多，但水量仅及闽江的92%。以中小河流来比，南方的钱塘江长度不及华北滦河的一

钱塘江涌潮

半，流域面积只是滦河的94%，但水量却为滦河的7倍。

（2）华北河流洪、枯水流量变幅大，洪水暴涨猛落；南方河流流量变幅小，洪水涨落缓慢。如黄河最大洪峰流量达22300立方米/秒，而最小枯水流量接近于0；长江最大与最小流量则仅相差1倍。华北的河流（包括黄河）河滩很宽，洪水时水流汹涌直下，枯水时却能涉水而过；而南方的河流，即使是平原上的无名小河，河水也比较深，四季均可通航。

（3）华北河流的含沙量远远大于南方河流。黄河的含沙量居世界大河之冠，以多沙著名，干流的多年平均含沙量为37.7千克/立方米；华北地区其他一些河流的含沙量也很高，如西辽河上游老哈河的平均含沙量为90千克/立方米，海河的支流永定河为60.8千克/立方米。南方河流的含沙量比华北河流少得多，长江干流为0.57千克/立方米，仅为黄河的1/74；西江为0.32千克/立方米；闽江仅0.14千克/立方米。黄河含沙量为闽江的260多倍。河水中的泥沙主要是流

域坡面上流水侵蚀作用的产物。对流域表面的侵蚀能力常用侵蚀模数来表示，即每平方千米面积上，每年受侵蚀并被带入河流的泥沙吨数。西辽河及海河流域的侵蚀模数一般为5000吨/平方千米～10000吨/平方千米，黄河干流（陕县以上）可达2330吨/平方千米，而黄土高原上的窟野河局部地区甚至高达30000吨/平方千米以上，相当于每年把地面削低18毫米。中国南方河流的侵蚀模数大多在1000吨/平方千米以下。以长江为例，除金沙江的上游河段及嘉陵江可超过1000吨/平方千米外，宜昌以上的山区侵蚀模数略大于200吨/平方千米，宜昌以下则不超过这个数值。东南沿海地区的侵蚀模数亦多在500吨/平方千米以下。

（4）华北河流有结冰封冻现象，南方河流经冬不冻。淮河以北的河流普遍有结冰现象，越往北冰期越长，冰层越厚。淮河与黄河之间的冰期约为40～50天，海河流域为50～100天，辽河流域则达100～150天。越往北，河流开始结冰的日期越早，消冰解冻的日期越迟。因此某些自南向北流的河流或河段，每年秋末冬初和冬末春初会有"凌汛"发生，甚至泛滥成灾。南方河流则四季河水畅流，因此航运价值比华北河流大得多。

东北河流既不同于南方河流，与华北河流也有较大差别，黑龙江、松花江、图们江、鸭绿江等水量均较丰富，虽不及南方河流，但比华北河流丰富得多。例如松花江流域面积仅是黄河的2/3，水量却为黄河的1.4倍。东北河流与南方河流相似之处是含沙量较少（松花江仅0.17千克/立方米），但水中腐殖质含量很高，水色较深，故有"黑龙""鸭绿"之名。与华北河流相似之处是有结冰封冻现象，但封冰期和冰层厚度均比华北河流长、厚，有的地区冰期在半年以上，冰层超过1米。

五、水利资源丰富

河川径流量的多寡是水利资源丰富与否的一个重要标志，有了丰富的水量，才有灌溉、发电、航运、工业及城市居民供水的条件。中国是世界上河流水量最多的国家之一，无疑水利资源是极其丰富的。河流具有分布广，水量大，循环周期最短，暴露在地表，取用方便等优点。因此，是人类赖以生存的最主要的淡水水源。中国工农业及居民生活用水主要取自于河流。据统计，上海市1989年的工业用水达61.47亿立方米，居民用水7.96亿立方米（平均每人每天用水近1.8立方米），农业灌溉用水近50亿立方米。如此巨量的淡水，绝大部分取自于长江及其支流。中国许多大中城市的情况与上海相似，兴建在江河之畔，除有航运之利外，供水方便也是主要的原因。新中国成立初期，中国的灌溉面积仅16675000万平方米，由于30余年来在各条河流上建成86000余座水库引水灌溉，目前已扩大到46690000万平方

山清水秀

米。1978年全国用水量为4767亿立方米（其中农业用水占88%，工业和城市生活用水占12%），约占全国水资源的7.6%。随着工农业的发展，需水量也大大增加，2008年，全国用水量达到5795亿立方米。故中国丰富的河川径流为中国现代化建设提供了保障。当然，由于水资源分布的不均衡，尚须合理调节和利用。

河流的水力蕴藏量取决于径流量和落差的大小。中国不仅有丰富的河川径流，而且有世界上最高的山脉和高原。许多大河从这里发源后奔腾入海，落差非常大，因此，中国水力蕴藏量特别丰富，约为6.8亿千瓦，居世界首位，相当于美国的5倍多，占全世界水力蕴藏总量的1/10左右，是一笔宝贵的天然财富。

中国河流水电资源总的分布趋势是南方较多，北方较少；西部较多，东部较少，这与煤、石油的地区分布恰好相反，两者取长补短，使全国的能源分布更趋合理。在诸河流中，长江水系的水电资源最为丰富，约占全国总量的40%，而可能开发的水力资源占全国可能

开发总量的一半以上。新中国成立后，中国已经兴建了数以万计的大中小型水电站，犹如天上繁星，遍布祖国大地。截至2008年底全国水电总装机容量为1.72亿千瓦，年发电27857.3亿千瓦小时，分别占全国电力总装机容量的82%，全国年总发电量的82.3%。水力发电量已由1949年居世界第27位，跃为今天的第1位。火电成本是水电的7～8倍，因此，在中国大力发展水电事业，既有条件，又十分必要，它能为工农业生产提供廉价的电力。

河流是天然的航线，具有运量大、成本低等优点。水运成本是铁路运输的1/2，是公路的公路运输1/2.5。因此，内河运输不仅是古代运输的主要手段，在交通工具现代化的今天，仍以它独特的优势占有重要的地位。

中国主要的通航河流（长江、珠江、黄河、淮河、松花江等），几乎整个水系都在国内，既伸入内地，又沟通海洋，为河海联运创造了良好条件。同时这些大河又多分布在中国经济发达、人口密集的地区，虽然干流多呈东西方向，而支流则从南北方向汇入，腹地宽广，

东北河流

货源充足。中国南方地区的河流水量大，终年不冻，四季通航；东北地区的河流，虽然冰封期很长，但冰层很厚，可开展冰上运输，是"水陆两用"的运输线。在众多水系中，长江的航运价值最大，干支流通航里程达7万余千米，约占全国内河通航总里程的65%，运量一直为全国之冠，珠江仅次于长江，居第二位。

为了弥补天然河道的不足，中国古代曾开挖了京杭大运河、灵渠等人工河道，把海河、黄河、淮河、长江、钱塘江和珠江等水系连接起来，便利了南北交通，促进了经济文化的交流。中国内河运输资源的潜力还很大，在现代化建设的进程中，必将得到充分的开发。河流广阔的水域还是天然的鱼仓。中

南北河流对比

国各地的河流中盛产各种名贵的淡水鱼，如黑龙江的大马哈鱼，黄河的鲤鱼，长江的鲥鱼、鳜鱼、凤尾鱼等都驰名中外。从河流中捕捞的大量淡水鱼，不仅为改善人民生活创造了条件，还可以大量出口创汇，支援现代化建设。此外，还可以利用河流水体进行多种经营，除放养鱼、蟹、蚌外，还可种植水生植物，为农副业生产及工业生产提供饲料和原料。

入海河流的河口段是不少海洋鱼类产卵的地方，每到产卵季节，大量海鱼沿河而上，形成鱼汛，是捕捞的大好时机。近海的海洋渔场也与河流有着密切关系，河流把陆地上的大量鱼饵带入海洋，众多的海鱼便在河口附近洄游寻食，例如著名的吕四、舟山等渔场就在长江和钱塘江入海口附近。

中国的水利资源丰富，科学合理地开发利用至关重要。水体是自然环境中的一个重要因素，并和其他自然地理要素有着密切的关系，同样与人类的生产活动密切相关。河流是中华文明的发源地，保护水资源造福子孙后代刻不容缓。

第二章　长江

一、河流简介

长江自西向东横贯中华大地，日夜奔腾不息，迄今已有两亿多岁了。她是中华民族的摇篮，中国古代文明的发祥地，是我们中华民族的象征，它源远流长、雄伟壮丽，无论是长度、水量，还是流域面积，都堪称中国第一大河，仅次于南美洲的亚马孙河与非洲的尼罗河，为世界第三大河。

长江全长6380千米，流域面积180多万平方千米。它发源于中国青海省唐古拉山山脉的主峰各拉丹冬雪山的西南侧，正源是沱沱河，向东迅跑时，盘旋于巍峨的雪山峻岭之间，翻滚于高峡深谷之中，以雷霆万钧之势，一泻千里，浩浩荡荡地流入东海中。

各拉丹冬雪山群峰耸峙，气象万千，近观就像玉雕的尖塔，直插云天。近20座海拔6000米以上的雪峰，千百年来积聚的冰川融水，保证了长江充沛的水源，而冰川本身就是长江最初的水源。在世界著名的河流中，唯有长江的源头是如此波澜壮阔的冰川河。

长江干流各段有不同的名称：从源头至巴塘河口，称通天河，长1188千米，出巴塘河口至宜宾，称金沙江，长2308千米；在宜宾接纳岷江后，开始称长江。其中，宜宾至宜昌段，又称"川江"，湖北

长江小三峡风光

枝城至湖南城陵矶段，又称"荆江"，江苏仪征、扬州附近江段，又称"扬子江"。

长江支流众多，大小支流多达10000条以上，集水面积达1000平方千米以上的支流共有437条，其中嘉陵江、雅砻江、岷江、汉水、大渡河、乌江、湘江、沅江和赣江都是著名的大支流。

二、金沙江

横贯东西的长江干流按照水文、地貌特征可以分为上、中、下游三段：从江源到宜昌为上游，宜昌至鄱阳湖湖口为中游，湖口以东为下游。

从长江源头起，沱沱河下流与当曲汇合后流入通天河。通天河在青海省玉树市境内，流程共800多千米。它经过巴塘河口后折向南流，进入四川和西藏交界的高山峡谷，称为金沙江。

金沙江两岸山高谷深，与平静的通天河不同，它显得格外刚毅豪

黄金水道

放。金沙江水在群山丛岭中呼啸奔腾，汹涌的江水就像深嵌在巨斧劈开的狭缝里，真是"仰望山接天，俯瞰江如线"。

金沙江和相邻的澜沧江、怒江平行南流，把这里的高原切割成许多平行的峡谷，形如锯齿，这就是中国著名的横断山区。当3条江流经云南西北部的丽江石鼓镇时，金沙江突然与怒江、澜沧江分道，拐了一个大弯，形成了奇特的"长江第一湾"。有名的虎跳峡就在这个湾内。虎跳峡两岸有哈巴雪山和玉龙雪山隔江对峙，白雪皑皑的山峰高出河谷3000多米，谷壁如斧砍刀削。奔腾的江水拍打着悬崖峭壁，冲击着江中乱石暗礁，汹涌澎湃，甚是壮观。

金沙江流域大部分都是山区，平原很少，但景色十分秀美。它的地下还蕴藏着各种各样的矿藏，位于四川和云南交界的渡口，就是冶炼高级合金钢得天独厚的地方。金沙江的落差有3300米，水力蕴藏量非常丰富，许多河段都可以建造大型的水电站。

三、长江三峡

金沙江越过横断山区的崇山峻岭，进入四川盆地，在宜宾与岷江会师，一道汇入浩浩荡荡的长江。由于流经四川盆地，先后接纳了岷江、沱江、嘉陵江和乌江等几大支流，水量骤然增加。到了四川盆地东缘的奉节县，巍峨的巫山山脉横亘在前，长江以它气吞山河、不可阻挡的气势，劈开崇山峻岭，夺路东下，形成了一条壮丽奇特的大峡谷，这就是举世闻名的长江三峡。

长江三峡是瞿塘峡、巫峡和西陵峡的总称。它西起重庆奉节的白帝城，东到湖北宜昌的南津关。全长约200千米，这一段长江又叫峡江，是万里长江的"川鄂咽喉"。

从白帝城向东，便进入了雄伟险峻的瞿塘峡。它全长8千米，是三峡中距离最短而气势最雄伟的一段峡谷，两岸悬崖壁立，犹如两扇大门，右岸山岩上刻有"夔门天下雄"五个大字，形容瞿塘峡的险峻、雄伟。江面最宽处不过150米，最窄处不到100米，而两岸山头海拔多在1000米以上。

出瞿塘峡25千米，便是幽深秀丽的巫峡。它绵延45千米而不间断，是三峡中最完整的一段峡谷。这里奇峰如屏，群峰相映，船在弯弯曲曲的巫峡中穿行，由石灰岩组成的巫山十二峰，高出江面千米以上，矗立于大江南北，形态各异，引人入胜。

出巫峡东口45千米，便进入长约75千米的西陵峡，它分东西两段，西陵峡滩多水急，著名的青滩和崆岭滩均在峡中，江流汹涌，惊险万状，是航行上的极大障碍。在西陵峡东段，长江穿过一个长约24千米的峡谷，便是三峡最东面的瓶口——南津关。出了南津关，江面骤然展宽，著名的葛洲坝水利枢纽工程就屹立在这里。

四、黄金水道

长江出宜昌，江面豁然开阔，进入了中游。长江中游水流缓慢，湖泊密布，江湖相通，北纳汉江，

美丽的湖泊

南有湘、澧诸水注入洞庭湖，赣、抚、修诸水汇入鄱阳湖。鄱阳、洞庭两湖是中国最大的两个淡水湖，是长江中游的两个天然水库，对长江洪水起着调节作用。

从鄱阳湖口以下，长江水流折向东北，进入了下游河段。下游江面宽阔，水流平稳，水量丰富，两岸是富饶的苏皖平原和长江三角洲平原。黄河夺淮后，淮河失去了入海口，便穿过洪泽湖在扬州附近进入长江。长江在上海市接纳了最后一条支流黄浦江，完成了它的万里流程，绕过崇明岛，分南北两道，涌入浩瀚的大海。

长江三角洲以镇江为顶点，向东北、东南方向散开，东至东海、黄海，北通扬州运河，南抵杭州湾，呈扇形，地跨江、浙两省和上海市，面积5万多平方千米。

滔滔长江从镇江东流横贯三角洲，自江阳以下江面宽阔，到南通江面宽达18千米，而到长江入海口附近竟宽达90千米，形成一个巨大的喇叭口，从江阴到长江入海口这一河段又称长江河口段。

长江三角洲素有"鱼米之乡"的美称。这里湖泊星罗棋布，水道纵横，中国的第三大淡水湖之太湖就在其中。太湖风景秀丽，其周围有大小湖泊250多个。整个三角洲地区雨量充沛，气候温和，土壤肥沃，物产极为丰富，是中国重要的工农业生产基地。

长江干流流经青海、西藏、云南、四川、重庆、湖北、湖南、江西、安徽、江苏、上海11个省、市、自治区。长江流域跨17个省、市、自治区，面积约占全国总面积的1/5。

长江干流自古以来就是中国东西航运的大动脉，水量丰富，航道终年不冻，她的干支流航道总长80000多千米，形成了一张西通川黔，东出海洋，北及豫陕，南达桂粤的纵横水网，对发展航运事业十分有利。长江水运量占全国内河运输量的4/5，而且长江干流与海洋相通，江海联运，不仅便利了长江流域与中国沿海各地的交往，而且也密切了中国与海外的联系，长江被誉为"黄金水道"。

长江的水能资源极为丰富，干流从源头至江口的总落差达6600米以上，水力资源约占全国的40%，

充沛的水量和巨大的落差，使它蕴藏着极为丰富的水力资源。据推算，整个长江水力蕴藏量达2.6亿千瓦，约占全国水力蕴藏量的2/5，在世界大河中居第三位。新中国成立后，在丰富水力资源的基础上，先后建成2万多座大、中、小型水电站，有力地促进了长江全流域工农业生产的发展。

长江流域湖泊众多，在平原地区和高原山地均有分布，平原地区的湖泊都是淡水湖，总面积约2.2万平方千米。全国四大淡水湖长江流域就占了三个：鄱阳湖、洞庭湖、太湖。

五、影响深远的长江流域

早在旧石器时代，中华民族的祖先就在长江流域劳动生息，在云南元谋发现的元谋猿人是迄今为止中国发现最早的属于"猿人"阶段的人类化石，是长江流域人类活动悠久历史的有力证明。

考古学家在长江上下游，还发现不少地方仍留下中华民族童年的遗迹。如在长江上、中游地区，就有云南"丽江人"，四川"资阳人"，湖北"长阳人"的化石和石器。这些属于旧石器时代中、晚期的人类遗迹，距今已有十几万年至一万多年了。

20世纪70年代在江西清江美城和湖北黄陂盘龙城两处发现的商代遗址，证实了这里至少在3000年以前已经发展了和黄河流域的中原地区基本相同的文化。在距今4000至6000年间，长江中游地区的原始人，已经创造出较高水平的原始社会文化。长江陶冶了许许多多各领风骚的文坛巨匠，在中国文学发展史上占尽了风流。春秋时期的庄周和屈原，他们都是荆楚文化的肥沃土壤培育出来的，对后世产生了深远的影响。东晋的陶渊明、唐代的李白、宋代的苏轼等大家在诗词歌赋上的成就也离不开长江流域文化的熏陶和积淀。

辽阔的长江流域，影响深远，它以丰富的资源占尽天时地利，成就了四川盆地的"天府之国"，两湖地区的"鱼米之乡"，太湖地区的"人间天堂"。

第三章　黄河

一、河流概览

黄河是中华民族的摇篮，是中华民族的国魂，也是中国古代文明史的主要发祥地。古代黄河流域的自然环境是优越的。那时的黄河流域气候湿润，土地肥沃，青山绿野，黄土高原地区还易挖穴构屋，冬暖夏凉，给原始人类生活提供了极大的便利条件。十分利于原始先人定居生活，促成聚落，发展人类文明。黄河及其支流不仅为中国古代人提供了灌溉之便，还提供了交通之便。这一切都加速了黄河中、下游的经济开发，人口增加，政治、文化发展，促使中华民族历史逐渐形成。

20世纪60年代，考古工作者在古城西安市东南蓝田县黄土中发现了"蓝田猿人"的头盖骨，证明了早在五六十万年前就有人类在黄河流域生存活动。后来，在山西、内蒙古、陕西等地先后发现了旧石器时代中期的"丁村人"文化，旧石器时代晚期的"河套人"和"大荔人"文化。这些旧石器时代的原始人类，早就在黄河流域的黄土高原上耕织。在河南省渑池县仰韶村黄土地上出土的五六千年前的黄帝族使用的彩陶，是新石器时代中期，象征中国文化最初曙光的"仰韶文化"。

河南省安阳小屯村的殷墟发掘出3000年前的宫室遗址，其中有大量精美的青铜器、玉石器、牙雕和10多万片甲骨书契。殷商王朝与古埃及、古巴比伦作为同时期的三大古代帝国，已成为世界古代三大文化中心之一。

现在的黄河中下游的许多城

市：咸阳、西安、洛阳、郑州、安阳、开封、商丘等，都曾是古代中国的政治、经济、文化和交通中心。

黄河两岸的中华民族，自古以来就以其勤劳、勇敢以及聪明才智，为炎黄子孙留下了极其珍贵的文化遗产，那浩繁、卓著的经典著作；那坚实耐用、具有美丽花纹图案的陶器等技艺高超的文物；那具

黄河

有悠久历史的古代建筑：西安的大雁塔、秦始皇陵的兵马俑、开封的铁塔、洛阳的龙门石窟等等，宏伟壮观，技艺高超，造型优美，不仅在当时举世罕见，也是当今世界之珍奇。

二、黄河流域的影响

黄河是中国的第二大河流。它的源头碧清如镜，但它的中游因流经黄土高原，支流无定河、沁河、渭河等挟带了大量的黄色泥沙汇入，使水浊色黄，被世人称为黄河。

黄河从古到今流淌了50万～60万年，每时每刻穿过黄土高原，每年从中游挟带的16亿吨黄沙泥土，逐渐传送到东部渤海边上，以每年增添50多平方千米的速度在扩展着中国的大陆版图。

黄河，源自青海省巴颜喀拉山北麓，即星宿海西南的卡日曲河为黄河的源头。黄河起步于涓涓细流，沿途接纳了洮河、湟水、无定河、汾河、渭河、洛河、沁河等40多条主要支流。千万条溪川，形成年均水流量480亿立方米的滚滚强

流。流经青海、四川、甘肃、宁夏、内蒙古、陕西、山西、河南、山东等九省区，浩浩荡荡奔流向东，流域面积752443平方千米，流域内有20010000万平方米的耕地。

黄河沿途有峻岭高山，有肥美的土地，有丰富的宝藏，以及历史悠久的文明古都。黄河以全长5464千米的里程在山东省东营市垦利区注入浩瀚的渤海。

黄河源头至内蒙古自治区的托克托为上游。细流通过星宿海东行流入黄河流域两个最大的淡水湖：扎陵湖和鄂陵湖。

鄂陵湖以下在青海的东南部、四川和甘肃两省交界之处，河道显示为"S"形大转折。穿过青海东部共和、贵南两县之间的龙羊峡之

黄河壶口瀑布

后，由高原直泻奔流而下，流入峡谷段。这一段峡谷很多，著名的有龙羊峡、刘家峡、黑山峡和青铜峡等。

峡谷与川地相间，河道也随之由窄变宽，途中有湟水、洮河水流入，水量和含沙量大增。河水出青铜峡后折转东北方向，进入银川平原和河套平原两个"塞外江南"的引黄灌区。

黄河中游，从托克托到河南郑州附近处的桃花峪。在这段，黄河急转南下，奔流穿行在山西省和陕西省交界的山谷中。

两岸的黄土高原，河槽深，无定河急流而入，带来大量的泥沙，促成水中含沙量再次剧增。壶口、龙门以南河谷比较开阔，汾河与渭河先后流入，黄河出潼关穿峡谷激流前行。这里有著名的三门峡。

下游从桃花峪东流，进入黄淮海大平原，经过河南省北折向东北入海，这段河，也就是举世闻名的"地上河"。

黄河每年的16亿吨泥沙有4亿吨堆积于此，近800千米的河道平

黄河岸边的农业

坦、宽广，水流平缓，泥沙沉积后，河床逐年增高，现已高出堤外两岸平原3米～5米，有的竟高达10米。黄河泛滥、决口也主要是在这段。

黄河最后一个峡谷是豫西峡谷，黄河水至此地继续奔腾向前，在陕县以东突然遇到两座石岛兀立河心，与南北两岸相钳的山峡对峙，形成三个狭窄的水门。河流从中穿过，又顺流东行，这就是著名的三门峡。

黄河历史上曾被称为"孽河"，据考证，公元前602年至新中国成立前的2000多年中，黄河决堤泛滥达到1500多次，给沿岸人民带来重大灾难。历史上有黄河"三年两决口"之说。

新中国成立后，人民政府采取两个根本措施。一是治理洪灾，在下游修堤束水，修整加固主堤，形成"水上长城"。还修建了第一座引黄灌溉工程：人民胜利渠。二是开发水力，在急流峡谷的中上游建立了一系列的水电工程。自1949年以来，黄河曾有10次洪水的威胁，但未成灾，基本上改变了"三年两决"的局面。

黄河两岸名城多，中国六大古都有一半位于黄河中下游。另外还有丝绸之路重镇兰州，著名的交通枢纽和京广、陇海铁路交会点郑州，山东省会泉城济南。济南泉水清澈，风景秀丽，名胜古迹众多。

黄河两岸的人民正用自己勤劳的双手不断开发、改造黄河，建设家园，发展自己的民族经济，黄河流域的前景无比广阔。

第四章　鸭绿江

◉　◉　◉　　　◉　◉　◉

一、鸭绿江流域综述

1.鸭绿江的自然地理总览

鸭绿江是中华人民共和国与朝鲜的界河。发源于长白山主峰南侧，在辽宁省丹东市注入黄海。流经吉林省长白县、临江市和集安市，与浑江汇合后流经辽宁省宽甸县、丹东市和东港市，于文东沟注入黄海。

鸭绿江自长白山主峰东南侧向南流，在右岸有谷头河江汇入，过长白县城在沿江屯左岸有朝鲜的虚川江汇入，流向西北，至十三道沟乡；在左岸有朝鲜长津江汇入，至临江市折向西南，过集安县城，在太平乡江口村，左岸有朝鲜秃鲁汇入，至凉水乡杨木林村西南之浑江口以下出吉林省境，为辽宁省段的中朝界水。

鸭绿江干流全长816千米（其中，在吉林省境内干流长587.30千米，约占干流总长的74%）。

鸭绿江流域总面积64471平方千米，在中国一侧流域面积为32466平方千米。

鸭绿江水系在吉林省境内流域面积大于1000平方千米～2000平方千米的支流有1条，5000平方千米以上的有1条；辽宁省境内有浑江、蒲石河、爱河、富尔江等。

浑江是鸭绿江流域最大支流，在吉林省境内流域面积为8425平方千米，约占浑江流域面积的57%，在吉林省境内河长226.3千米。浑江的上、中游在吉林省境内，桓仁水库的部分库区及下游尾部为吉林、辽宁两省界河。浑江在辽宁省境内流域面积为6952平方千米，河长446.5千米。

富尔江发源于辽宁省新宾县龙岗山脉南麓，向南流自吉林省通化县富江乡富江屯至三棵榆树乡臭李子沟屯西南，为吉林、辽宁两省界河。其下游末端在吉林省通化县大川乡尹家街西南注入桓仁水库。吉林省境内流域面积为636平方千米，约占该河流域面积的35%。

2.地形地貌

鸭绿江流域受燕山期以来的构造运动控制，高山林立，地形起伏较大，有由东向西递减之势。水量丰富的干流自源头到临江市为上游段，长339千米，属高山区，河谷切割较深，山势陡峻，两岸常呈现基岩裸露的断壁悬崖，多为"V"形河谷，洪水期水面宽一般为100米～300米，急流较多，河道比降平均为4.3‰；临江镇至水丰水电站为中游段，长322千米，该段有已建的三座大型水库水电站（即云峰、渭源、水丰），除水库区淹没江段外，尚余自然江段72千米，主要在临江镇至大栗子镇和云峰坝下至集安市两段，江两岸不对称的分布有狭长的一级阶地，上层为沙壤土，下部为沙砾石，沿江主要居民点及耕地都集中在这里；水丰坝下至虎山为下游段，长56千米，属丘陵区，该段已建有太平湾水电站，除库区淹没江段外，尚余自然江段26千米，主要在太平湾水库坝下区

水量丰富的鸭绿江

段，其中安平河口以上段，中国一侧为丘陵台地区，朝鲜一侧则多为高山陡崖；虎山以下至江海分界线为河口段，长62.3千米，属平原区，河谷呈"U"字形，水面宽800米～2000米，平均比降为0.13‰，江中岛屿较多，两岸均为起伏的平地，较对称地分布着城市与耕地，洪水位受潮汐顶托影响。

3.流域河道演变

鸭绿江属山区河流，中国一侧大部分河段凹岸为陡峻山体石砬，凸岸为砾石组成的一级阶地，自然演变比较缓慢。造成河床变形的主要原因是汛期洪水剧烈冲刷，导致局部河段的河岸产生较大坍塌。此外，人工设施的影响，如修建水库、防洪堤坝、流筏设施等，也使部分河道变形较大。

1964年鸭绿江干流浑江口以上中朝双方共有岛屿162个，其中，中国一侧有57个。由于自然演变和人工设施的影响，到1972年中朝双方联检时，发现双方岛屿减少到143个（增加38个，消失57个），其中中方减少到52个（增加17个，消失22个），共减少岛屿面积171

流域气象万千

万平方米。如临江市望江楼以上河道，两国为流放木材修建了许多诱导设施，由于部分诱导设施设置不合理，导致挑流作用，造成两岸冲刷。其中，中国一侧有13段河道发生局部变形。鸭绿江入海径流量多年平均为316.9亿立方米。

二、流域气象与水文

1.气象特征

鸭绿江流域气候分区属中温带湿润区，夏季炎热多雨，冬季严寒干燥。随着地势的不同，年平均气温也不同。例如地势最高的白头山顶，海拔2700米，年平均气温为-7.4℃。一年四季以7月份气温为最高，上下游差别不大，一般在20℃～25℃之间，而1月份平均气温最低，上下游差别较大，一般下游为-4℃，上游则为-20℃。日照时数上下游相差不大。无霜期下游区一般在150~180天，上游区无霜期较短，一般为125~150天。

鸭绿江流域暴雨有两大类型，一类是暴雨中心在干流下游的丹东、宽甸一带，雨轴呈东北—西南向或东西向，雨量自下游向上游递减，上游集安、临江以上地区的雨量远较下游为小，这类暴雨最多，雨量最大，笼罩流域的范围最广，鸭绿江干流中下游大洪水多由此种暴雨造成，年降水量达1200毫米~1230毫米，年径流深达600毫米~700毫米，至中游桓仁一带年降水量约900毫米。另一类型是台风北上直接造成的暴雨，暴雨中心随台风路径的不同而异，常出现在中上游地区，雨轴呈南北方向，集安、临江以上流域位居全流域东北部，距朝鲜东海岸较近，最近处仅60千米~80千米，往往成为暴雨中心，形成上游型大暴雨。此种暴雨的雨区呈条带状，与下游型大暴雨相比，暴雨的量级和高值雨区笼罩的流域面积均相对较小，不能形成全流域性大洪水，但上游临江、集

安两地的特大洪水绝大多数由此种暴雨造成。

鸭绿江流域的暴雨发生在6~9月，大暴雨多在7~8月。造成鸭绿江流域暴雨的天气系统有台风、气旋、副热带高压边缘的辐合扰动和高空槽等，特大暴雨多由两种以上天气过程遭遇造成，如1960年8月初的暴雨就是由台风影响和高空槽过境所造成的。

受水汽来源、天气成因和地形条件的制约，鸭绿江流域的暴雨走向多为由南向北和由西南向东北，由于流域面积不是很大，一次天气过程造成的降雨基本上可以笼罩全流域，上、下游暴雨起讫时间几乎相同，但各地雨量分布不均，雨区边缘雨量较少。

鸭绿江洪水由暴雨造成，洪水与暴雨相应发生在6~9月，大洪水多发生在7~8月，尤以8月最多。临江以上流域地形起伏大，河道坡度大，河谷狭窄，河槽调蓄作用小，急骤强烈的暴雨形成陡涨陡落的洪峰。由于一次天气过程造成的暴雨历时仅1~3天，大暴雨有70%的雨量集中于一天时间内，致使大

江畔风景

洪水多呈现单峰型，涨洪时间短，从起涨到峰顶一般在一天半左右的时间内，峰顶滞时3～5小时，退水时间较长，一般9天左右，一次洪水历时11天左右，一次洪水过程的洪水量主要集中于3天的时间内。

在中游，由于受云峰、渭源、水丰、太平湾水库调节影响，洪水的汇流与传播已改变天然特性。

2.地下水资源

辽宁省境内鸭绿江流域地下水综合补给量为13.09亿立方米，其中鸭绿江干流、浑江、爱河地下水综合补给量分别是2.83亿立方米、5.14亿立方米和5.12亿立方米，占全省综合补给量的11.9%。

吉林省境内鸭绿江流域地下水资源为11.97亿立方米，占全省地下水资源总量的10.6%。

3.鸭绿江水系水质和污染情况

吉林省境内鸭绿江流域处在长白山区，植被良好，降水量大，水量充沛，矿化度低，小于1克/升。仅接近入海口的鸭绿江绸缎岛因受海水入侵影响，氯化物含量在0.2克/升～4克/升之间。

1980年吉林省水文总站对鸭绿江水系监测和评价河段7处，其中一级水质河段占21%，二级水质河段占42%，三级水质河段占16%，约有21%的河段被污染。

主要污染物为有机物和酚、

汞，主要污染河段在白山市以下的浑江干流江段。

鸭绿江丹东江段，据1990年各水期（丰、平、枯）水质监测结果显示，各项指标均值在国家地面水三类标准以内。但枯水期江桥断面化学耗氧量、挥发酚个别检次出现超标；绸缎岛断面有的检次化学耗氧量稍有超标，该断面悬浮物、泥沙高于其他断面，最高值达571毫克/升。丹东入海口海域枯水期化学耗氧量、无机氮超标，丰水期无机氮和石油类超标，其他项目，金属元素均在正常范围。枯丰水期水质均符合海水标准三类。

三、社会经济状况

1. 流经区域及人口

鸭绿江流经吉林省的集安市、长白朝鲜族自治县、辽宁省的丹东市，在丹东市东港附近入黄海，鸭绿江入海口是中国大陆海岸线的最北端。在鸭绿江边坐船，就可以看到朝鲜新义州的景色，有时还可以看到有朝鲜人向你招手。1988年，鸭绿江以辽宁鸭绿江风景名胜区的名义，被国务院批准列入第二批国家级风景名胜区。鸭绿江流域中国一侧总人口122万。

2. 流域内的渔业生产

（1）主要鱼类

鸭绿江水系计有鱼类89种，其中淡水鱼类67种，包括土著鱼类57种，其中包括驰名中外的面条鱼。引进的鱼类有鲢鱼、鳙鱼、青鱼、草鱼、长春鳊、三角鲂、池沼公鱼等8种。

另外，在丰水水库以下有近海鱼类和洄游性鱼类22种，以及沙鳢、青将等。

（2）渔业生产

鸭绿江上游和云丰水库以捕捞自然鱼类资源为主，渔获量不高，而且不稳定。1968年～1980年，平均年产鱼114.2吨，1975年产量最高为181吨，1978产量最低，仅23吨。

自来水工程

山中的河流

从13年累计产量看，马口鱼产量最高，共578.8吨，占总产量的39%。

水丰水库拦河坝以下到鸭绿江入海口有112千米的距离，只对属于沿江宽甸县的60千米江段进行统计，有木制渔船20余只，每船一人作业，用流刺网及鱼鹰20多只，加上其他地区的渔船，年产量约10000千克，主要渔获物为鲫、鲤、鳊、唇骨、黄颡鱼、棱鱼等，近年来，棱鱼的年产量快速下降。

（3）捕鱼方法

鸭绿江上游长白镇到临江一段，有兼业渔民用土梁子、撒网（旋网）、挂网和搬罾网进行季节性生产，捕捞对象主要为细鳞鲑、雅罗鱼、斑鳜、唇骨、茴鱼和句亚科的

小鱼，加上此江段附近八道沟等五条沟支流的渔获量，年产超过10000千克。

3.流经区域概况

集安市概况

集安市位于吉林省东南部。东南与朝鲜隔鸭绿江相望，西南部与辽宁省宽甸、桓仁两县接壤，北部与通化县、通化市、白山市毗邻。东西长80千米，南北宽75千米，总面积3217平方千米，总人口23万。

2003年，集安市辖11个乡镇：清河镇、青石镇、花甸镇、头道镇、台上镇、榆林镇、财源镇、太王镇、大路镇、麻线乡、凉水朝鲜族乡，1个省级开发区，126个行政村。面积3217平方千米，总人口

229949人，农业人口144955人，占人口总数63%。

丹东市位于鸭绿江西岸，是全国最大的边境城市。市区面积563平方千米，人口69万人。居住汉、满、蒙、回、朝鲜等29个民族。全市海岸线长120千米，海域面积3500平方千米，滩涂面积242平方千米。海产品种类繁多，有68种，贝类29种，甲壳类动物10余种，淡水水面1230平方千米，居辽宁省之首。对虾、柞蚕、烟草、板栗、山楂、人参，素称"丹东六宝"。矿产资源丰富，被国家列为全国59片重点成矿区之一，硼储量居全国之首。旅游业正在丹东市及所辖地区蓬勃展开。

四、流域水资源开发状况

1.流域城乡供水

进入20世纪70年代，因浑江污染加剧，严重危害居民健康，相关部门已在水质较好的浑江支流哈泥河上建设哈泥河水库水源工程。总库容192万立方米，兴利库容137万立方米。1984年9月又动工扩建了哈泥河水库，当年竣工。

白山市长白县长白镇于1965年修建的以地下水为水源的自来水工程，截至1985年末，年供水量73万立方米，其中，工业用水量为25万立方米，居民生活用水量为43万立方米。饮用自来水人口1.5万人，占城镇人口的79%，人均日用水量为0.0785立方米。2008年，浑江年供水量为1.32亿立方米。

辽宁省鸭绿江流域水资源是全省最丰富地区，社会经济发展的潜力也很大。流域在占全省11.4%的面积上，拥有全省地表水资源量的28.1%。现在耕地面积1960平方千米，其中水田面积540平方千米，占耕地面积的27.5%。鸭绿江流域供水能力不断提高，1995年前通过现有工程挖潜和新建一些小型水利工程可增加供水2亿立方米。2000年至2010年，由鸭绿江爱河引水1.58亿立方米。届时，水资源总利用量为10.67亿立方米，也仅相当于当地水资源量的11.7%。

丹东市1990年城镇供水人口95.5万人，城镇生活用水量7346.6万立方米，人均日供水量0.2108立方米。城市供水人口为59.3万人，城市生活供水量6246.4万立方米，人均日供水量0.2886立方米，远远超过辽宁省城镇生活人均日供水量。丹东市农村用水人口186.1万人，生活供水量4538.1万立方米，人均日用水量0.066立方米。

2.小流域综合治理

近年来吉林、辽宁两省在东部山区，率先从植树造林和封山育林等生物措施入手，治理水土流失。如白山市八道江镇青沟子开展小流域治理，取得明显成效。青沟子小流域面积1390平方千米，原是一个森林茂密、河窄水清、飞鸟成群的好地方。经过东北沦陷时期的掠夺式采伐、1960～1962年的小片开荒、"文化大革命"初期的滥砍盗伐，至20世纪70年代初，该小流域一沟七岔的树木已所剩无几，森林覆盖率由90%降至20%。每逢雨季出现山地扒皮拉沟、平地水冲沙压现象。1971年，在白山市水利局的指导下，制定了小流域5年治理规划，以封山育林为主，治山与治坡结合，治田与造地结合，治河与修路结合，采用"蓄、封、造、治、管"5项措施，进行山、水、

林、田、路综合治理。1971～1972年，大队自筹资金建成31座库容165万立方米的小型水库，拦截山洪、提蓄河水灌溉新开垦的水田和菜田。到1985年，青沟子小流域共治理水土流失面积6730000平方米，占治理前水土流失面积的93.5%。森林覆盖率也由治理前的20%增至86.7%。该村利用小流域自然条件种植人参、木耳、天麻、果树、贝母和饲养鱼、兔、鸡、奶牛等。治理后1971～1985年仅发生水灾2次，受灾面积20000平方米。青沟子小流域经综合治理后已成为浑江旅游区之一。又如通化县干沟乡西岔小流域位于浑江支流二密河中游，流域面积31.6平方千米，流域内有200米以上冲沟19条。自1975年采取工程与生物措施相结合，以生物措施为主治理后，至1985年共封山育林1667万平方米，营造水土保持林1000万平方米，停耕还林153万平方米；修谷坊75座，沟头防护39处，治河筑堤7650米，护坡4500米，造护岸林2.5万株，堤脚插柳3.6万株。经过11年治理，至1985年森林覆盖率

由35.2%增至76%，粮食产量翻了一番。

五、水能资源开发状况

鸭绿江可开发的水能资源有250万千瓦，年发电量100亿千瓦小时。

1.鸭绿江干流建成的大中型水电站

目前，在鸭绿江干流上已建成水丰、云峰、渭源和太平湾四座大中型水电站。云峰、渭源和水丰位居鸭绿江临江镇至水丰水电站的中游段，太平湾位居下游段。

（1）云峰水电站：1958年6月，中朝两国在北京举行了鸭绿江水丰水力发电公司第一次理事会第六次会议，决定两国共同修建云峰水电站。1967年4月18日，全部安装完毕并投产发电。总装机容量40万千瓦，设计年发电量17.5亿千瓦时，根据建站原则，发电量中朝双方各半。由于厂房建在中国一侧，所以由中方负责运行管理。

（2）渭源水电站：1978年，由朝鲜兴建渭源水电站，1984年发电。

（3）水丰水电站：从1937年日伪统治时期建设水丰水电站，1941年发电。1955年成立了中朝鸭绿江水力发电公司，双方合营水丰发电厂并进行了恢复改建。

（4）太平湾水电站：由中朝鸭绿江干流规划推荐建设太平湾水电站。1982年，中国正式兴建，1985年正式发电。

2.鸭绿江流域支流上建设的水电站

到1985年，吉林省在鸭绿江流域建成的装机在500千瓦以上小水电站有24个。其中以八道沟河的宝泉3级站及浑江的湾湾川站的装机容量最大，分别为12000千瓦和9600千瓦。

辽宁省在鸭绿江支流浑江上建成了以桓仁水电站为龙头，包括回龙山和太平哨水电站的梯级电站。其中桓仁电站装机容量为22.5万千瓦时，回龙电站和太平哨电站装机分别为7.2万千瓦时和16.15万千瓦时。

浑江支流上拟建水电站有金坑和高岭水电站。在朝鲜一侧支流秃鲁江上也建成了秃鲁江水电站。

第五章　图们江

一、流域特征

图们江发源于长白山主峰之东麓，流向东北至密江折向东南，经珲春县防川以下土字界牌出境，出境后为朝俄界河，经15千米注入日本海。干流全长525千米，我国境内长490.4千米，流域面积3.32万平方千米，中国一侧流域面积为2.2万平方千米。河流总落差为1200米，平均坡降为0.64‰。

图们江流域的主要支流有中国一侧的红旗河、嘎呀河、密江、珲春河等，朝鲜一侧有西头水、延面川、城川江、会宁川、五龙川等。

1.图们江的发源地

长白山在中朝两国的边界上，它是图们江的源头，也是松花江和鸭绿江的源头。长白山是一座火山锥体。它的周围是一片辽阔、平缓、完整的熔岩高原，其南部与朝鲜的盖马高原相连。

从地形上看，长白山可以分为熔岩高原和火山锥两个单元。熔岩高原由火山锥体的坡麓向四周倾斜，据调查，山麓有许多温泉出现，水温在55℃～70℃之间。高原的熔岩以第四纪喷溢为主，称玄武岩，在平缓的熔岩高原面上发育着幼年期河谷。高原周围群山多由古老岩系组成，其中包括中生代至第三纪火山岩，说明这些山地的年龄远比熔岩高原要早。在高原面上，尚可见到零星岛状孤山，大致有两种：一种是较小的火山锥体，它们多保留着小火山口及火山岩的许多特征；一种为古老岩系组成的、不曾被高原熔岩淹没的突峰。

由于长白山海拔最高处为2700米左右，其自然景观的垂直变化十分显著。从山下到山上可明显地划分出针阔混交林带、针叶林带、岳桦林带和森林界限以上的高山苔原带。长白山动物和植物的种类十分丰富，有兽类50余种，鸟类200余种，此外还有爬行、两栖、鱼类等共300余种。长白山森林面积很大，分布很广，并且树种繁多，有大量优质木材和许多珍贵的药材、纤维、油料、燃料，以及其他轻工业原料等植物资源。

2.图们江干流

图们江干流可分为三段：源头至南坪为上游，南坪至甩湾子为中游，甩湾子以下为下游。图们江上游，穿行于长白山丛岭之中，河流下切作用强烈，河道嵌入玄武岩层之中，形成幽深狭窄的"V"形峡谷，河床坡降大，支流较多。本段汇入支流有中国的红旗河，朝鲜的西头水、延面川、城川江。河道两岸均为高程在650米以上的玄武岩平顶。

图们江中游，包括嘎呀河水系，干流河道长212.6千米，平均坡降为1.78%，流经长白山北部岭谷区，它们是大龙岭、盘岭、哈尔

巴岭、威虎岭、南岗山脉等，系由沙页岩、花岗岩、变质岩构成的中低山地，山间有构造盆地穿插分布，较大的有延吉盆地、图们盆地和龙盆地等。南坪至开山屯河道自西南向东北呈绳套状弯曲，U形河谷束放其间。狭窄地段洪水时宽190米～250米，水深7.5米～13米，流速为5米/秒左右，开阔地段洪水水面可达3000米左右，水深4米，流速4.5米/秒左右。河水在高而陡的峡谷中急速流动，水位涨落急剧，为图们江流域水能资源蕴藏最大的河段。河道两岸花岗岩裸露，山体直立陡峭，相对高度达150米～250米，坡度达30°～40°，两岸有零星的耕地出现，水量亦有所增加。开山屯至甩湾子，河床宽展，水流变缓，河中偶见岛状沙洲，河床为砂卵石组成，河道顺直，比降缓，河道穿行于延吉盆地，河谷两侧阶地发育。因土质肥沃、气候相对温和，多生长柳树、灌木，平地多已开垦为耕地，人口密集，成为图们江流域经济和文化最发达的地区。

中国一侧有图们市、开山屯

等，朝鲜一侧有会宁市、南阳市等。主要支流有嘎呀河、密江。图们市以下由于嘎呀河汇入，水量显著增加。

图们江下游包括珲春河、五龙川等水系。主干河长为146.5千米。河段入珲春河河谷平原（海拔平均为60米左右）至防川（海拔约为5米）。河谷两岸地势低平，坡降减缓，水流平稳，水量大，河面开阔，主流摆动较大，河床不稳，多岔流、沙洲、渔网状水道，中间有植被茂密的河中岛。珲春河汇入后，水量增加。珲春河口以下，河谷时宽时窄，一般江面宽400米～1000米，水深1米。江面较宽处有江心洲，生长有柳和蒿类。河床为细沙组成，断面冲淤剧烈。有五龙川、圈河、庆兴河、忠源河、雄基河支流汇入。圈河以下至河口，河道流经朝鲜山脉东部断层边缘的狭窄地带。河谷剧烈侵蚀切割，河床陡急，流速快，流量变化大。江口及其以上数千米，潟湖、沙洲、沙咀、三角洲等广布，水量明显减少。

河上的万千气象

江口海潮仅可沿河上溯几十千米，每年洪水期船只可上溯100千米左右。

综上所述，图们江流域受中国东部长白山自然条件的制约。自西向东奔流于长白山东麓海拔1300米的熔岩高原上，至朝鲜会宁后，改为东流，经珲春平原流入日本海。本流域受地质构造、地貌类型的制约，图们江干支流沿地质构造线形成纵顺向河谷。干支流汇合处多为直角相交，构成明显的格子状水系。河道横切山脉处，形成大小不同的峡谷，成为优良水利枢纽的坝址。在顺向河谷内，谷地宽广，成为重要的农业基地。干支流河道受构造和地形影响，上游坡降呈直线下降，中游峡滩间杂、束放相间，下游河道低平，淤积严重，并由于新构造运动的影响，河床有抬升的趋势。

二、流域水资源

1.降水

图们江流域气候属温带大陆性季风气候。特点是春季风大而干燥、夏季温热多雨、秋季凉爽多

雾、冬季漫长寒冷。

降水特点：

（1）大气降水绝大部分以雨水为主，云雾霜露较多，年降水总量一般在500毫米～700毫米。

（2）降水量年内分配极不均匀。冬季受干冷极地大陆气团的控制，降水量仅占年降水量的1%～5%，1月降水量不足全年的1%，且多为飘雪。春季气旋活动增多，降水随之增加，降水量占全年的10%～20%，其中4月份降水量占全年降水量的3%～6%。夏季受东南季风影响，降水量较多，占年降水量50%～70%，作物生长期间降水量占年降水量的80%左右，最大降水月出现在8月。秋凉多雾，增加了水平方向的降水量。

（3）降水量区域分布受地形影响，一般在流域上游区、珲春河流域的迎风坡年降水量为600毫米～700毫米，为高值区。背风坡的延吉盆地、和龙盆地一带为500毫米左右，为低值区。西北部山区，受地形抬升影响降水量有所增加，一般为500毫米～600毫米。

总之，流域降水量较丰沛，水源

丰富。

（4）降水量年际变化较小。流域内最丰年降水量为1140毫米，最少为260.3毫米，最大年降水量是最小年降水量的4.4倍。这个数值与秦岭淮河以南广大多雨区相近，但比华北及东北西部地区小。

2.径流

图们江是中国东北边境一条水量较丰富的河流，同时也是朝鲜沿东海岸最大的河流，全流域多年平均降水量693毫米，多年平均径流深254毫米，多年平均径流系数为0.36。由于受降水和其他地理环境的影响，径流时空分布差异较大。流域径流深的分布趋势与年降水量分布大体一致。在流域中部，即嘎呀河中下游是全流域径流深低值区，径流深在200毫米以下，在河源区径流深高达500毫米以上，由嘎呀河中下游低中心区向东至珲春河流域，径流深也逐渐增至400毫米。

在径流的增长与组成上，根据1959～1986年实测径流资料计算，图们江河口多年平均径流总量为84.4亿立方米，嘎呀河为11.1亿立

水上彩虹

方米，海兰河为4.3亿立方米，珲春河为8.6亿立方米。

径流的年际变化：本流域径流的年际变化是受季风影响的结果，每年来自日本海的台风势力强弱不同，降水量大小逐年不同，其值的变化在0.38～0.55之间。最大值在延吉盆地，为0.55左右，流域内最大年径流量为多年平均径流量的1～1.5倍，最小年径流量仅及多年平均径流量的30%～40%，最大与最小径流量之比，平均为4.0左右。

图们江流域多年变化表现出如下特征：有明显的丰枯水年交替出现的循环，但周期不固定，丰枯具有连续性，而平水年表现不明显。

径流的年内分配：图们江流域径流的年内分配极不均匀，汛期流量特别大，径流量集中。常年3月河流开始解冻，水量慢慢增加，在4月中旬常出现一个小汛。随着雨季来临，河水继续增加，至6月河流进入汛期，10月又进入枯水期，在11月初至次年3月河流封冻。

径流量的季节分配：冬季占年径流总量的4%～5%，春季占年径流总量的25%～30%，夏季占年径流总量的50%～70%，秋季占年径流总量的20%～25%。遇到丰枯水年份，年内分配多集中于夏季。图们江干支流最大水月多出现在8月，其径流量占年径流量的21%～28%，个别年份出现在5月、6月或9月。最大水的3个月在上中游均出现在6月～8月，占年径流量的5%，而下游出现在7月～9月，占年径流量的55%左右。最小水月出现在1月，只占年径流量的1.0%～1.7%，河流最大洪峰流量多出现在8月，如干

流1965年8月的一次洪峰，上游南坪站为2290立方米/秒，下游圈河站为11300立方米/秒，这是有实测资料以来的最大洪峰流量。

3.径流形成的影响因素

（1）自然地理因素对径流的影响。图们江流域全年平均气温为2℃～6℃，四周山地平均气温为2℃～3℃，谷地地区为5℃～6℃，年最高气温在7月，平均20℃～22℃，最高33℃～37℃。1月最冷，平均气温一般在-20℃～12℃，最冷在天池一带，可达-44℃。降水的年内分配极不均匀，夏秋季较多，冬春两季较少，这直接影响了径流量的大小。

本流域属山区河流，上游个别地段岩石裸露，易形成山洪中游地段，地表物质质地疏松，土壤持水能力差，渗透力强，同时蒸发旺盛，所以地表径流比其他降水量相同地区的径流少得多，仅在雨季能够形成较多的径流。下游地区为冲积平原，珲春平原一带至圈河沙土地区渗透力强，降水不易形成地表径流，虽降水较多，但径流系数反而较小，仅为0.3左右。

（2）人类活动因素对径流的影响。图们江流域沿江干支流修建堤防约1187.47千米，中小型水库61座，塘坝219座，总蓄水能力27755.9万立方米。这些工程不仅削减了洪峰，而且由于发展了灌溉，使得河流径流的年径流量减少，年内分配趋于均匀。例如，图们江干流的河东水文站1958年平均流量是88.7立方米/秒，年内分配极不均匀，夏季集中全年径流量的64%；1993年年均流量降低到32.2立方米/秒，减少了79.2%，且年内分配趋于均匀，夏季降到32%，秋冬两季增加到43%以上。

近年来，随着延边地区山区各族人民治山治水措施及农田基本建设工作的开展，流出山区的地表径流大大减少，水库及塘坝的兴建大大提高了对地表径流的调蓄能力，使地表径流区域分布不均匀的状况得到了一定程度的改善。

4. 地下水

图们江流域地下水天然资源量为6.1亿立方米，可开采资源量为2.13亿立方米，多埋藏在河流两岸的河漫滩和阶地上，呈条带状分布。地下水化学成分简单，涌水量不大，在局部地区有承压水，基岩地区有裂隙水。地下水主要补给来源为大气降水，水位年变化幅度为1米～2米。地下水可分为承压水、裂隙水、潜水三类。

（1）承压水：主要分布在河流两岸1级～2级阶地上，和龙盆地、延吉盆地、珲春盆地四周以及开山屯、汪清、百草沟等山间盆地，由侏罗、白垩纪沙砾岩及第三纪的砂岩组成，以页岩及黏土形成良好的隔水顶板，中生代沙砾层分布较深，过滤良好，水质较好。据资料统计，中生代沙砾层埋藏深度达60米～90米，其自流涌量达0.27升/秒。在延吉市东光二号钻孔处，水量稳定，水温在9℃～10℃，矿化度为0.4克/升～0.5克/升。含水层厚度不大，在60米～90米之间有4～5个含水层，一般厚度为3米。顶板为沙质页岩和页岩，含水层为粗砂岩和中粒砂岩，水质较好。

（2）裂隙水：主要分布在花岗岩、安山岩、玄武岩等岩层中。水的来源以潜水渗入岩石裂隙之中，以泉水形式露于山坡脚下、冲沟侧或断裂破碎带。如图们市一处泉水流量为60吨/天，水温低，水质较好。此外在嘎呀河流域两岸冲沟发育切割较深，在较大的冲沟中有裂隙水流出，此处裂隙水的埋藏深度一般为60米～70米，最浅处为20米～30米。

（3）潜水：分布于流域内花岗岩风化带及第四纪冲积层，一般在沿江及支流两岸阶地，海拔高度多在200米以下，汪清密山桥附近潜水埋深为3米～5米，延吉市附近冲积层的潜水埋深为2米～7米。矿化度小于0.7克/升。本流域潜水的主要补给方式为大气降水，含水层透水性很好，地下水径流较强烈。地下水深度变化受气候的影响，一般水位年变化幅度为1米～2米，储量丰富，可解决延吉盆地每年的春旱缺水问题。

三、图们江的自然资源及开发

图们江流域具有非常优越的地理位置。首先，它北与黑龙江省牡丹江地区相邻，西北靠近哈长地区，西南与辽中南地区相距不远，

哈长和辽中南地区是国家重点开发区，随着这两个国家重点开发区的建设与发展，通过经济技术的交往与联系，必将促进本区的经济发展；其次，本区位于东北经济区的东部，按照东北经济区巩固发展中部，加强东西两翼建设，实现生产力平衡布局的战略构想，本区开发与建设前景将是十分良好的；最后，东有230千米的边境线与俄罗斯的滨海边疆为邻，南半壁与朝鲜的三个道接壤，隔海又与日本相望，图们江口中国有出海权。这一优越的地理位置有利于对外贸易的展开，通过对外贸易与口岸开放，可带动本区经济建设的发展。

1.自然环境特征

图们江地区是以山地景观为主要特征的自然类型区域，自然环境复杂多样。

（1）完整的温带垂直地带结构。本区地势垂直变化很大，受海拔高度的制约，气温、降水随高度而变化，使植被、土壤也随着海拔增高而发生变化，形成温带大陆东岸特有的垂直地带性结构。海拔1100米以下属红松针阔叶混交林

温带森林生态

带；1100米～1800米为针叶林；在海拔1800米～2100米，为抗风耐寒的岳桦林所占据，形成岳桦矮曲林带；海拔2100米为森林的上界，以上为高山苔原，最热月平均气温小于10℃，生长着垫状植物。

（2）典型的温带森林生态系统。长白山区域的自然地理位置是温带大陆东岸湿润地区针阔混交林暗棕壤地带。区域内的气候条件如热量、降水量以及雨热同季的特点，非常适合针阔混交林生长。长白山区域地带性植被是以红松为主的针阔叶混交林，针叶树除红松外，还有云杉、冷杉、落叶松等，阔叶树有水曲柳、杨、榆、槭、椴等。白头山从针叶林带以上属国家自然保护区范围，并已纳入联合国人与生物圈自然保护区，设有森林生态系统定位研究站。从世界范围来看，我国的温带湿润地区针阔混交林暗棕壤地带，是地球上温带森林生态系统的典型代表。

2.自然资源的特征与结构

图们江流域自然条件复杂多样，山多、林多、草多、水多、特产多、矿藏多，为振兴区域经济提供了良好的物质基础。图们江流域地处长白山地区，总的地势是西北部高东南部低。山地约占总面积的67%，丘陵占21%，河谷平原占12%，地势相对高度较差大，东部珲春一带海拔最低，仅有10多米，西南端的长白山脉中国一侧主峰白云峰，海拔高度为2691米，是东北第一高峰。流域大部分地区属中温带湿润半湿润气候区，具有雨热同季的特点，有利于农业生产及发展林业，同时，易于发展烟草、亚麻等经济作物，有利于人参等药材生长。

（1）气候资源。流域年平均气温2℃～6℃。全区年温差较大，1月最冷，平均为−19℃～−12℃，天池平均为−23℃，7月最热，只有珲春等地最热月出现在8月，大部分地方均在20℃以上。全流域大部分地区的无霜期为120～140天，由东向西递减，西部有些山区不足100天。

全流域年降水量为500毫米～700毫米，6～8月降水量占年降水总量的70%左右，生长季节降水量占全年的80%左右。雨热同季节，可以满足一熟制作物的生长需要。

全流域降水量的年变化较大，最多年和最少年相差2倍左右，容易造成旱涝灾害，影响农业的稳定发展。

低温冷害也是本区的主要农业灾害，主要受地势条件和近海的地理位置的影响，尤以地势较高的安图等地和近海的珲春最为严重。

（2）生物资源。长白山山地的隆起，形成明显的生物—气候垂直带结构。因而，不论在水平方向还是垂直方向都给生物生存提供了多种多样的生态环境。更由于这里水热条件的配合非常适于针阔叶混交林的生长，因而整个区域森林生态系统占有优势地位。可以说，图们江流域的森林是本地得天独厚的资源优势。长白山林区不仅森林资源丰富，是国家重要的木材生产基地，而且也是我国稀有的生物基因库，同时还是吉林省林、副、土、

造型别致的野生蘑菇

特产品的重要生产基地。森林不仅有涵养水源、保持水土、调节气候和美化环境的重要作用，它还是环境的指示器、人类和环境关系的调节器，更重要的，森林还是经济发展的推进器。

流域内共有林业用地面积2.6万平方千米，占全流域面积的81.3%，人均林地面积10800平方米，森林覆盖率为78.2%，立木蓄积量达3.6亿立方米，是长白山林区的主要木材产地之一。野生经济动植物有2352种，在植物中有药用植物875种，食用植物165种，如食用蘑菇、山野菜、食用油料、酿酒原料、饲料植物、蜜源植物等。还栖息着1033种野生动物，其中鸟类200多种。

（3）土地资源。图们江流域土地自然类型多种多样，因而土地利用类型也是丰富多彩的。流域内土地的自然类型受地形的垂直分布和水平分布的深刻影响，主要有以下几种：

高山苔原：主要分布在白头山顶、海拔在2100米以上，生长的植被是苔藓、地衣及越橘、牛皮杜鹃、仙女木、长白柳等垫状植物。

暗棕壤低山：多分布在海拔500米~1100米之间由花岗岩、变质岩等岩石组成的山地上。其上生长着针阔叶混交林。自然状态下针叶树以红松为主，阔叶树有水曲柳、黄菠萝、核桃、楸、榆、杨、椴及槭树属等树木，是重要的森林基地之一。目前，由于过量采伐，原始的针阔混交林保存极少，多为柞树林及杨桦林所取代。

暗棕壤丘陵：主要分布在海

拔500米以下的地方。原始植被为针阔叶混交林，但由于人类对森林植被的破坏，目前多变为次生的柞树林或杨桦林，一部分已辟为农田。

白浆土台地：主要分布在海拔500米以下的平坦地面上，一般是由沙砾岩组成，地面坡度多小于3°，目前大部分已开垦为耕地，适于农业、林业，也适于发展牧业。

沟谷地：主要分布在河流上游河段及局部分水岭附近的冲沟一带。沟谷地多生长核桃、楸等喜湿的阔叶树，开垦为耕地者不多。

河谷平地：主要分布在河流两岸，包括河漫滩及阶地等平坦地面上。土壤多为暗色草甸土，一部分为白浆土。水热条件好，土壤肥沃，地形平坦，目前多开发为农田。这里是长白山区域主要产粮的土地类型，水田几乎全部在河谷平地，也有一部分旱田。

（4）矿产资源。图们江流域是吉林省矿产资源的主要蕴藏区，在全省探明的75种矿产中，本区就有56种，其中，金矿、铁矿、煤矿以及部分有色金属矿，均居省内首要地位。

金矿：矿床类型主要为石英脉型，次为沙金，大中型矿床比较集中，分布在安图、珲春，其保有储量占全区储量的45%。

铜矿：主要分布在珲春、延吉等地，多为伴生铜矿，富铜矿储量少，无大型铜矿床。

煤炭资源：总保有储量6.89亿吨，主要分布在珲春（5.72亿吨），储量在1000万吨以上的还有和龙等地。

非金属矿物：流域内非金属矿产资源也十分丰富，有冶金辅助矿产、化工原料矿产、建筑原料及其他非金属矿产。其中主要矿产有溶剂石灰石，保有储量为1.88亿吨，水泥用石灰石保有储量2.84亿吨，以大中型矿床为主，主要分布在汪清和安图。浮石保有储量555.6万吨，分布在安图、和龙。

（5）旅游资源。流域内有优越的自然景观和人文景观，风景特色突出，有广阔的开发前景。

典型的垂直带景观，基本保持着欧亚大陆东岸温带山地生态系统和火山地貌的原始状态。在水平距离不足百千米的范围内，可以观察到从温带到极地的变化。壮观的火山地貌，有火山湖、矿泉瀑布、白色浮石等等。因此，在保护好自然生态的前提下，适当发展旅游业是有优越条件的。

（6）水能资源丰富。图们江落差较大，有部署梯级水电站的条件，尤以和龙市德化至延吉市三合段为最。资料表明，中游五处坝址可作大中型水利枢纽，下游段有两处。支流嘎呀河下游有两处。图们江水能资源理论蕴藏量为140.5万千瓦，可开发蕴藏量70多万千瓦，其中已开发和正在开发的水能资源有7万千瓦，已建成42座中小型水电站。但总的水能利用率仍然很低，仅为16.8%。

总的来说，图们江流域的自然资源是十分丰富的，为经济建设奠定了良好的物质基础，发展图们江流域的经济应从本区具有的边疆、民族、山区、自然资源丰富和生产力水平不高等基本特点出发，充分利用区内有利条件。要充分利用资源优势，就必须对资源条件有全面的了解与评价。

四、流域开发前景

图们江地区开发是指俄、中、朝三国接壤的图们江三角洲地区。广义范围包括延吉、符拉迪沃斯托克、清津三角地带，狭义范围则指防川、敬信哈桑与先锋地区。图们江地区的开发已引起国内各界与社会的极大关注。

图们江地区的开发是东北亚地区重点开发的合理区位选择。东北亚地区幅员广大，面积960多万平方千米（包括日、朝、韩、蒙、中国东北及俄远东地区），人口有3亿左右。在这样地域辽阔、人口相对稀少、经济又不够发达的地域内，如果采取分散开发建设的办法，不会取得好的经济效果。只有采取重点建设与集中投资相结合的方法，才会取得明显的社会经济效果。

图们江地区开发是实现东北亚地区区域经济互补的重要举措。而图们江三角洲地区的地理位置决定了它是东北亚所有国家进行经济交往理想的几何中心，中、俄、朝三国接壤的"金三角"，日本及朝鲜半岛东海岸与中国东北和西伯利亚联系的交会点，也是蒙古通往日本海的门户。这里将是东北亚地区各国实现垂直分工和水平分工联系的接触点。日本和韩国的资金与先进的技术、设备与工业品及管理经验，俄罗斯的金属与有色金属资源、森林资源和基础工业产品，蒙古的煤炭与铜、铁资源和畜牧业产品，朝鲜的矿产品和一定的劳动力资源，中国东北的农业资源与丰富的农产品、劳动力资源、轻工产品、机电产品和某些先进技术等，会合在图们江三角洲地区，相互交流，互通有无，将会极大地促进该地区经济的发展，这里将成为东北亚地区重要的贸易集散中心与加工转化中心，因此，联合国开发计划署将这一地区称为世界物流的中心。图们江地区如果得到开发，日本、美国和韩国的资金、技术、装备等将会向这里汇集，俄、朝、中的一些港口与枢纽将会成为矿、林、农以及工业产品的转运中心，蒙古的一些矿、牧产品也将利用这些港口运往海外。三国接壤地区将形成国际自由贸易城市，所有港口与陆地上的交通设施将形成庞大的集、疏、运系统，几条大陆桥（尤其是由图们江口登陆通往欧洲的大陆桥）都将得到彻底改造。图们江口地区是沿新的亚欧大陆桥进行工业化的重要生长点。北半球特别是中纬度地带是世界的主要工业带，而从图们江口沿大陆桥经中国东北中部地带、蒙古东部和东、西西伯利亚地区，除少数工业较为发达的城市外，绝大多数地区都是资源丰富、工业潜力很大的待开发地区。因此，图们江地区的开发前景非常乐观。

第六章 绥芬河
◎ ◎ ◎   ◎ ◎ ◎

一、绥芬河简介

绥芬河为满语河名，总流域面积为17321平方千米，原为中国内河，清代咸丰十年（1860年），中俄《北京条约》将流域的下游部分分割给俄国，遂成国际河流。它的北面、西北及东与乌苏里江流域为邻，西南邻图们江流域，东部濒临日本海。其中，中国境内的流域面积约为10059平方千米，占总面积的58%，俄罗斯境内的流域面积约为7262平方千米，占总面积的42%。

大绥芬河发源于吉林省汪清县复兴乡大龙岭山脉秃头岭北侧，河水由源地急剧向西流下，至金仓称为大火烧堡河，后折向北流称大绥芬河。此后，经过宽1千米，长10余千米的沼泽地带进入峡谷中，与来自东侧的支流岔子河汇合后，在

太平沟以上约2千米处流出峡谷，进入罗子沟地区，支流老母猪河从北注入，河水折向东流，继而转向东北，又入深山峡谷，纳入较多支流，左岸有大蛤蟆河、黄泥河、寒葱沟，右岸有老黑山河，经二道沟、本楼头、五排、满天星、红石砬子、小地营等居民点，于小地营下游约4千米处与小绥芬河汇合，汇合口海拔154米。全长约200千米，流域面积约4520平方千米。

小绥芬河源于太平岭，海拔780米，河水南流约8千米后始称小绥芬河，此后流向西南，于绥阳镇附近开始有一些较大的支流注入，主要有细鳞河、小通沟、黄金河和沙河子河等，至沙河子后河水折向东南，于道河乡下游约3千米处与大绥芬河汇合。小绥芬河全长约130千米，落差626米，平均比降

5‰，流域面积约3446平方千米。

大、小绥芬河汇流后始称绥芬河。东流经洞庭峡谷后，河流由东折东北转向东流，进入东宁平原区。支流班布图河从南向北流，在东宁市三岔口附近汇入绥芬河干流，至此，绥芬河流入俄罗斯境内。绥芬河流经于俄罗斯境内平原，至乌苏里斯克（双城子）附近折向南流，直至入海。全长243千米，流域面积9351平方千米，其中，中国境内河长61千米，流域面积642余平方千米。

绥芬河属山区河流，流域南部分水岭为长白山脉老爷岭的余息

土门岭，最高峰海拔1136米，北部为太平岭，最高峰海拔1017米；西部则系老爷岭与太平岭相接，成为本流域西部的天然屏障。南、北、西三面山地环抱，其分水岭高程在千米左右，地形向流域中部逐渐递降，整体形成为：上游流经崇山峻岭，河道曲折蜿蜒，地表切割破碎，中下游趋于平坦，道河以下多为600米以下丘陵地和400米以下的低谷地。

绥芬河流域属寒温带季风气候区，夏季炎热多雨，最高气温37.3℃，冬季寒冷干燥，最低气温-32.1℃，年平均气温4.8℃，据东宁站统计，

绥芬河

年平均降水量547毫米，6~9月降雨占全年总量的70%以上，11~翌年3月降水量仅占全年总量的8%，最早初霜9月中旬，最晚终霜5月下旬，无霜期约150天，最大冻土深1.7米。

绥芬河的径流主要补给来源是雨水，东宁站年径流量为13.1亿立方米，年径流深158.7毫米。径流年内分配不均匀，多集中在6~9月，占全年的64%；11月~翌年3月为枯水期，仅占全年水量的7%。年际变化大，最大值为最小值的7倍。

绥芬河洪水主要由暴雨形成，流域受太平洋季风和西伯利亚低压影响产生锋面型降水较多，又为北上台风影响较多地区，特大暴雨多由台风影响造成，其强度最大暴雨多集中在一天内，年最大洪水多出现在8月内，一次洪水历时约7天，3天洪量占一次洪量的60%~70%，这与降雨是相一致的。绥芬河系山区性河流，汇流快，损失小，涨势凶猛，形成陡涨陡落的洪水过程。1965年8月6、7日，绥芬河发生了有水文记载以来的特大洪水，绥芬河东宁以上平均降雨量160毫米，使东宁市出现严重灾情。本流域森林繁茂，植被覆盖良好，故河流含沙量较少。

从流域地质概况来看，绥芬河流域为中朝地块的东北部分，基底岩层由前震旦纪片麻岩、千枚岩组成。本区自古生代以来上升为陆地，石炭二叠纪沉积了浅海相碎屑岩与化学岩。古生代末海西期造山运动使石炭二叠纪地层造成北东向扭曲，伴随先后多次的花岗岩、花岗斑岩侵入，使该地层变质，并使先前侵入的花岗岩轻微变质，成为如今的片麻花岗岩及云母片岩。中生代侏罗白垩纪沿北东凹陷地带有湖相碎屑沉积，并生成侏罗纪煤层。在侏罗纪初期，有火山喷发造成侏罗纪的基底岩层，末期并有花岗闪长岩、玢岩与长英岩活动。中生代以后直到第四纪受地壳变动造成大量的玄武岩喷发，大部分沿裂隙喷发，形成了广泛的熔岩台地。

河谷基本上为火成岩构成，主要由古生代末期海西期造山运动生成的花岗岩、片麻花岗岩、云母片岩和中生代的花岗闪长岩、玢岩、长英岩组成，其次为中生代下侏罗纪火山碎屑岩类，前震旦纪的片麻

花岗岩

岩和千枚岩亦有少量分布。

从河谷地貌及水文地质来看，流域内山体雄伟陡峻，两岸高200米～600米，水流深切，河道蜿蜒曲折，为迂回前进的壮年期河流。河谷多呈北东、北西及近于东西向发育，是与构造方向大致一致的构造型河谷。

长英岩及侏罗纪火山碎屑岩类组成的河段主要位于奔楼头村北、红石砬子至洞庭河段，两岸山体高200米～400米，河谷蛇曲极发育，山势陡峻，多成陡壁，河段内水流湍急，坍塌产物堆积于河道。

绥芬河流域上中游山区森林覆盖率为70%以上，主要树种有红松、云杉、冷杉、紫椴、偃松、水曲柳、椴树、杨、白桦等。由于开发较早，现在天然林分布较少，以杨、

云杉

桦等次生林为主。此外，森林动物有虎、豹、熊、鹿、狍、狐、狼等，飞禽有山鸡、沙半鸡、飞龙等。

可挖掘利用的中药材200余种，以人参最为著名；山野菜主要有蕨菜、薇菜等；野生食用菌类有木耳、元蘑、猴头、针松茸等特产，主要畅销日本、俄罗斯等国。出产工业品原料有山葡萄、猕猴桃、草莓、山都柿等，尤以山葡萄蕴藏量为最多。

绥芬河流域地下矿产资源蕴藏丰富，非金属矿产主要有煤炭、石灰石、石英石、叶蜡石等，而叶蜡石系我国北方稀有矿藏。金属矿产主要有黑色金属矿产、有色金属和贵重金属矿产3大类。黑色金属矿产主要有铁锌、铁铀、铬，有色金属矿产主要有铜、银、钼、硫、钨，贵重金属矿产以黄金为主。

绥芬河的渔业资源十分丰富，它的干支流都是良好的天然水产养殖场。可捕捞鱼类达49个品种，其中有不少为名贵的鱼种，如大马哈鱼、鳇鱼等。绥芬河特产的滩头鱼，是鲤科鱼类中唯一在海中生长、溯河繁殖的鱼类。

绥芬河流域中下游区地势平坦、农业发达，主要生产小麦、大豆、玉米、水稻、甜菜和马铃薯等，盛产苹果梨、香水梨、南果梨、苹果、山楂、大杏等水果。畜牧业也占有重要的位置，鸡、猪、牛为流域内的主要养殖品种。

二、流域社会经济

绥芬河（中国境内）流域现有人口25万人，其中非农业人口12万人，是多民族杂居地区，有汉、朝、满、回、蒙、壮、苗、维吾尔、鄂伦春、达斡尔等10个民族，其中汉族占93.1%。

绥芬河流域独特的地理位置，西、北部依山藏宝，中部平原沃土，南部濒临大海，历来就是国际贸易活跃区。绥芬河流域最早的国际贸易口岸是绥芬河口岸。

绥芬河位于中国黑龙江省东南部，滨绥铁路的终点，小绥芬河的左岸，是中、俄重要的陆路贸易口岸。鼎盛时期有10多个国家客商和中国的内陆商人常年往返于绥芬河—符拉迪沃斯托克之间，从事各种边境交易的人数达到14000

多人，成为边疆地区的贸易中心市场。

1975年8月经国务院批准绥芬河设市，隶属牡丹江地区，1983年3月改为省辖市，由牡丹江市代管。1987年10月经国务院批准，绥芬河市与波格拉尼奇内区边境贸易正式开通。

波格拉尼奇内区属于俄罗斯滨海边区管辖。面积3752.63平方千米，人口53000人，人口密度为每平方千米14人，主要居住着俄罗斯、乌克兰、布里亚特、鞑靼、汉、朝鲜等民族。这里农业比工业发达，有10个专业化农场和一个现代化养鸡场。主要生产的农作物有小麦、大麦、燕麦、荞麦、大豆、玉米、土豆等。

三、水资源利用现状及前景

绥芬河中国境内水资源总量为17.70亿立方米，其中地表水资源量为16.78亿立方米，平原地下水资源量为0.92亿立方米，人均占有水资源为5719立方米/人，是北方水资源较为丰富地区。1993年实际供水

量为1.4583亿立方米，其中城市供水3002万立方米，农业供水1.1581亿立方米。在城市供水中100%采用地下水源供水，在农业供水中79%采用地表水，21%采用地下水。若按黑龙江省75%保证率的供需平衡分析，可供水量为1.27亿立方米，用水量总量为1.35亿立方米，其中农业用水1.27亿立方米，缺水程度16%，水资源利用程度仅为8.6%。

绥芬河中上游主要是山区，水能资源蕴藏量较为丰富，全流域集水面积在50平方千米以上的58条河流水能资源理论蕴藏量13.9万千瓦。其中水能资源理论蕴藏量500千瓦以上的有21条河流，1000千瓦以上的河流有3条。集水面积50平方千米以上的河流可开发水能资源的装机容量为11.88万千瓦，可建500千瓦以上水电站14座。其中，装机容量在10000千瓦以上的有3座，总装机容量5.1万千瓦。年发电总量4.03亿千瓦小时。目前流域内仅有6座小水电站，总装机容量为2290千瓦，年发电量670万千瓦小时，装机容量占可开发水能资源总装机容量的1.7%，因此，水能资

第七章 黑龙江

◎ ◎ ◎　◎ ◎ ◎

一、河流简介

1.河流的位置与面积

黑龙江流域地处欧亚大陆东缘，中国东北地区的北部。东西长约总长度5498千米，南北宽约1500千米。

黑龙江整个流域范围包括中国的东北地区、俄罗斯远东地区的大部分，以及蒙古人民共和国的东部。流域总面积185.5万平方千米，其中，黑龙江上、中游的右侧及乌苏里江的左侧全在中国境内，流域面积约88.7万平方千米，约占流域总面积的48.1%，俄罗斯境内流域面积约占50.4%，蒙古境内流域面积约占1.5%。

黑龙江有南北两源，北源为石勒喀河，其上源为鄂嫩江，发源于蒙古人民共和国北部肯特山麓，流经俄、蒙境内，全长1660千米，流域面积20万平方千米。南源额尔古纳河，它的上源是海拉尔河，发源于黑龙江省大兴安岭西坡，流经呼伦池北折向东北后，穿行于中、俄边境上，全长1542千米，流域面积17万平方千米。南北两源在漠河以西俄罗斯境内的洛古村附近相汇合后，始称黑龙江。黑龙江干流分为三个主要河段：上游从洛古村至结雅河口长905千米，平均坡降0.2‰，流域面积49.6平方千米；中游从结雅河口至乌苏里江口长994千米，平均坡降0.09‰；下游从乌苏里江口至入海口长930千米，平均坡降0.035‰。

额尔古纳河位于黑龙江上、中游，为中、俄两国界河（以下简称界河段），其界河长为2854千米，控制流域面积145.2万平方千米，约占全流域面积的77.6%。

2.河流的地形与地貌

黑龙江流域界河段西部、西北部和东部，大致沿北、北东方向呈雁行排列着涅尔琴斯克山、加集木尔山、大兴安岭山脉北段及土腊纳山、布列亚山，小兴安岭则呈北西—北西西—北东环绕于界河中游南部和东南部，而呈丘陵状起伏的逊河高平原、结雅—布列雅平原大体以轴向为北、北西平展于上述群山环绕的中央。由此构成了本区西及西北、南、东三面地势高起，北部较低平的似马蹄状。此外，位于小兴安岭和布列亚山东缘的三江低平原呈北、北东方向斜贯于界河段中游。

界河段地区总的趋势是由西北向东南逐渐降低，由南向北或西北向东南呈岗状倾斜，平原和山岭相间分布，海拔一般在200米～1500米高度之间，西部及西北部涅尔琴斯克山、加集木尔山、大兴安岭山脉北段海拔500米～1500米，其中大兴安岭北段是黑龙江水系、额尔古纳河水系与嫩江水系的分水岭，北部的结雅—布列雅高平原、逊河高平原海拔300米～500米，南部与东部小兴安岭及黑龙江左岸的波姆涅也夫山、苏达尔山等山脉海拔500米～1000米，为黑龙江水系、松花江水系的分水岭。位于小兴安岭、布列雅山脉以东的广阔的三江低平原，海拔40米～90米。

黑龙江界河段河谷一般呈老年期特征，谷宽多为0.8千米～1.5千米，河流比降小，水流平缓，两岸山地呈浑圆状，除漫滩外，还不对称地分布有高出江水位15米～20米、25米～60米的第二级阶地及高出江水位80米～120米的第三级阶地，其面宽达3千米～4千米。

黑龙江上游为山区地形，江水向东北作套状弯曲又折向东流，回转于大兴安岭狭窄的山谷之中，两岸大部分由花岗岩、砂岩等组成。右岸悬崖进逼，左岸较平缓。山谷间夹有高低不等的河漫滩，时有阶地出现，河漫滩地较窄处450米～3000米，较宽处3000米～5000米，个别地方如呼玛河口滩地宽达7000米，江宽300米～800米之间，多数为400米～500米。

江道弯曲系数一般为1.2～1.6，个别江段为16.1～65.3。江中有岛屿、浅滩，河床为沙砾石或卵石组成，局部河段有些冲刷，平均每年3米～6米，严重江段平均每年9米左右，最大可达15米以上。

中游河段，自结雅河河口流向南和东南，至萝北县又折向东北，穿行于山地、平原之中。右岸地势稍高，河床有江汊、岛屿出现。结雅河口至巴什沃413千米河段之间，左侧为结雅—布列雅平原，右侧为大兴安岭山地，属平原、山区过渡性江道，江宽变化在600米～1800米之间。岸上滩地平坦，平均比降0.12‰，江中岛和江汊较多。岸边冲刷一般平均每年为6米～12米，最大每年达30米。在巴什科沃以下（嘉荫县城）河水进入兴安峡谷，属山区性江道，两岸山岩直立，河谷宽度变化在600米～700米之间，河宽变化在600米～1300米之间，滩地平均比降0.087‰，河道弯曲系数为1.1～1.9。流经碛航的石质河床浅滩——兴东浅滩后，江水在延兴镇流出山区，进入平原地区，江面宽达800米～2600米，弯曲系数1.1～1.7。到处可见江汊、岛屿。

沙土河床不甚稳定，局部河段时有冲淤变动，岸边冲刷严重，松花江口以上一般平均每年5米～10米，最大每年25米，松花江口以下一般每年8米～20米，最大每年超过40米。

下游河段在共青城以上江水蜿蜒于黑龙江下游盆地，河道不稳定，江汊发育，河道呈网状分布。共青城以下河段江水流入群山之间，河床较为稳定。在齐梅尔曼诺夫克村以下，江水在广阔的地面上流行直至入海。

黑龙江流域地质构造较为复杂，从太古界到新生界之间的各个地质时代的地层分布较齐全。

由于界河段位于西伯利亚台地的东南缘，为鄂霍茨克—蒙古—中亚巨大的古生代地槽褶皱区和滨太平洋中、新生代地槽褶皱区的结合处。前者在界河段内依次分布有额尔古纳河地槽褶皱系、内蒙古—大兴安岭地槽褶皱系、吉黑地槽褶皱系及布列亚地块；后者为蒙古—鄂霍茨克地槽褶皱系的上黑龙江地槽褶皱带。

界河段地区地震，从区内构造断裂分布特征及历史地震资料分析，界河段没有出现强烈地震活动的记载，多以小震和小群震活动为主。自1907年5月27日，英里罗韦茨西北部5.21级地震至1977年6月21日漠河东南岭附近4.2级地震为止，共发生大于等于4.75级的深源地震19次，其中最大的震级为6级。

3.气候与水文

黑龙江流域地处温带、寒温带地区。西倚东西伯利亚、蒙古大陆，东和东南濒临海洋，形成了典型的大陆性季风气候。夏季温暖多雨，冬季严寒干燥。自东往西，随着距海洋距离的增加，逐渐由东部的湿润气候过渡到中部的半湿润和西部的半干旱气候。

界河段多年平均气温呈西北低、东南高的分布趋势。最低值出现在黑龙江最上游，为−5.1℃。最高值出现在中游下段，为2℃左右。额尔古纳河气温向上游逐渐升高，满洲里多年平均气温−1.3℃，负气温导致流域北部出现岛状冻土分布。最高气温发生在7月前后，一般在37℃～40℃范围内变化，布拉戈维申斯克曾观测到41℃，最低气温发生在1月份，一般

在−52℃～−40℃之间。年内最大相对湿度在寒冬季节，其值为80%左右，最小值在5月份。

界河段在额尔古纳河上游多西南风和西风，夏季则多东风和东北风。其余大部地区盛行西北风和西风。实测最大风速的风向多为西南风。多年平均风速多在每秒2米左右，额尔古纳河上游及黑龙江中游可达每秒3米～4.2米。最大风速每秒20米，极值可达每秒35米。

黑龙江河川径流补给主要以雨水为主，季节积雪融水为辅。在全部地表径流中，雨水补给约占75%～80%，融雪水补给约占15%～20%。黑龙江上游山区，融雪水补给亦占一定比重，洛古河村以上，雨水补给约占64%，融雪补给约占19%，地下水补给约占17%。

黑龙江多年平均降水自西向东和东南递增。额尔古纳河上游仅300毫米，黑龙江上游400毫米～500毫米，中游500毫米～600毫米，太平沟库区为650毫米。年内降水分布不均，夏季降水可占年降水的70%以上。最大日降水量100毫米左右，太平沟库区为150毫米以上，最大

的一场降水是1981年8月20日五常市八家子乡红光村，3小时暴雨量达500毫米。冬季雪量不大，仅占年降水量的10%～20%，多年平均最大雪深，额尔古纳河上游为10厘米左右，黑龙江上游为15厘米～20厘米，中游为20厘米～25厘米。

黑龙江流域多年平均年水面蒸发量变化在500毫米～850毫米之间，随着纬度、地面高度和相对湿度的增加呈减少趋势，也随着日照时数和风速的减少而减少。

黑龙江流域多年平均年陆地蒸发量变化在250毫米～500毫米之间，其分布总趋势是：西、东、南部大，中、北部小；平原区大，山丘区小，与年降水量分布基本相应，而变化趋势相反。

黑龙江流域多年平均年径流深大致呈东高西低的分布趋势，西部又呈现北高南低的分布趋势，显示出强烈的海洋和地形影响作用。高值区为锡霍特山脉、布列亚山、小兴安岭、长白山脉和外兴安岭，其数值达400毫米～500毫米。低值区为三江平原和结雅—布列雅平原以及远离海洋的西部地区（石勒喀河、额尔古纳河），其数值小于50毫米，甚至近于零。

黑龙江流域诸河的径流年际变化很大，黑龙江支流盘古河二十三站（流域面积3400平方千米）丰水的1958年水量为13亿立方米，枯水的1979年水量仅为2.5亿立方米。

黑龙江的洪水包括春汛和夏、秋汛洪水。春汛洪水发生在四五月，主要由融雪水径流和冰坝壅水所形成，多出现在黑龙江上、中游。

黑龙江属少沙河流。多年平均含沙量在额尔古纳河和黑龙江上游仅每立方米50克左右，黑龙江中游为每立方米75克左右，松花江口以下至哈巴罗夫斯克为每立方米100克左右。黑龙江上游断面多年平均输沙量273万吨，其中一半以上的沙量来自恰索瓦亚，可见石勒喀河是产沙中心，其多年平均含沙量接近每立方米90克。中游太平沟断面多年平均输沙量1180万吨，一半以上来自结雅河，其河口多年平均含沙量超过每立方米100克。

额尔古纳河和黑龙江上游段多年平均年侵蚀模数不及每平方千米5吨，中游在松花江口以上为每平方千米12吨左右，在松花江口以下为每平方千米15吨。

4.资源及分布

（1）水产资源及分布。黑龙江干流具有经济价值又有捕捞意义的主要经济鱼类有近40余种。

其中以鲤鱼科类最多，鲑科鱼类（冷水性）次之，鲟科、鲶科等又次之。

黑龙江鱼类分布特点：上游及其支流河床多为石砾，水质良好，水温较低，是冷水性鱼类栖息的良好场所，同时也是细鳞鱼、哲罗鱼等的繁殖场所，并有雅罗鱼等鲤科鱼类在此生长繁殖。黑龙江中下游江面开阔，岛屿沙洲较多，水流较缓，沙砾底质，不仅是草鱼、鲢鱼、鲤鱼、鳊鱼、鳇鱼、鳜鱼和六须鲇鱼等大型经济鱼类的栖息和良好的越冬场所，而且也是特产鱼类鲟鱼、鳇鱼繁殖、生长的河道。除黑龙江中下游外，乌苏里江河道狭窄，水质良好，流速较缓，右侧山间支流较多，为溯河性大马哈鱼的主要通道和繁殖场所。

黑龙江干流中国一侧鱼的产量最高达年产6000吨，其中大马哈鱼达年产4000多吨。近10年年产量平均2273吨。按河段分上游为305吨，中游为1968吨。其中鲑鱼年平均产量上游为2吨，中游为405吨。俄罗斯一侧在20世纪初，仅大马哈鱼的年产量就高达10万吨，近10年鱼产量明显下降，平均年产9342吨，其中大马哈鱼6834吨，鲟鱼58吨。

（2）水资源及分布。黑龙江水量充沛，河网密布，地表水资源与地下水资源丰富。从地下水的分布情况看，俄罗斯一侧在黑龙江流域内与地表径流无关的地下水资源约为8.5立方千米／年，且近一半在泽亚河流域的含水层中。中国一侧地下水资源总量为47.48亿立方米／年，其中，山丘区地下水补给量37.74亿立方米／年，平原区地下水补给量为10.07亿立方米／年，地下水重复计算量为0.33亿立方米／年。

（3）野生动、植物资源及分布。额尔古纳河和黑龙江流经各种类型的自然地理环境，穿过了特定植物群所覆盖的自然植被带，从而导致流域内动物群落分布上的差异性。黑龙江沿岸陆生动物群落大体上由5个群落组成，即满洲里、蒙古—达斡尔、东西伯利亚、鄂霍茨克—堪察加、远东高山群落。额尔古纳河流域以蒙古—达斡尔动物群为主，由于遍布牧场生长着芦苇和柳树等，形成了河滩地动物群。

东西伯利亚动物群主要分布在额尔古纳河及黑龙江上游沿岸一带。其中哺乳类有东西伯利亚驼鹿、雅库特松鼠；鸟类有西伯利亚的灰伯劳等。

黑龙江中游沿岸动物群分几个亚带，有黑龙江柞木和榆木阔叶林动物群及雪松阔叶动物群。

以布列亚河为界，以西为结雅—布列亚平原动物群，以东为沼泽地阔叶动物群。在黑龙江河谷柞木林中狍子、狼、狐狸为代表。鸟类有寒鸦、尖嘴啄木鸟、棕耳、黄腰金翅雀、布谷鸟等。昆虫类主要有蝴蝶。

此外，在黑龙江沿岸分布着大量珍贵的动物，列入国际保护白皮书的有9种，其中，哺乳动物2种：红狼和东北虎；鸟类7种：远东鹳、鳞状秋沙鸭、白尾海雕、白鹤、日本鹤、达斡尔鹤和黑鹤。列入中国或俄罗斯动物保护红皮书中的鸟类有10种：黑鹳、鸿雁、小天鹅、鸳鸯、鹭鸶、灰脸鹭、游隼、大鸨和矛隼等。

黑龙江界河段分属三个植被带和一个亚植被带，即南部原始森林亚带、针阔混交林带、森林草原带和草原带。

在石勒喀河与额尔古纳河谷的山地森林草原以上分布有兴安落叶松、欧洲赤松林以及阔叶灌木丛。

黑龙江上游山地中下部的缓坡地区主要分布有落叶松林。其次分布在河谷沿岸，呈带状延伸的林木组成以兴安落叶松为主、常混生白桦和山杨林带。植被主要有越橘或小片的杜香。

在黑龙江中游，有阔叶混拏林广泛分布在山麓及山腰的缓坡处，主要树种为紫椴、蒙古柞、水曲柳等，常混交有白桦等；柞树灌木丛林，多属被采伐或火烧后次生林；沼泽灌木丛，多分布在江岸低阶地上，主要有沼柳和毛赤杨等。

从巴什科沃到哈巴罗夫斯克沿江一带划分三个地段：

山地段：从巴什科沃到叶卡捷林诺—尾阔尔斯克耶多以采伐或火

灾后次生林为主。

平原段：从叶卡捷林诺一尾阔尔斯克耶到松花江河口，森林状况受人为因素影响严重，主要草种为杂草。

低地段：从松花江河口到哈巴罗夫斯克市，为地势低洼的河滩地，各类植物繁多。在地势高处有柞林及灌木丛。

此外，还有被列入中国或俄罗斯植物保护名录的20多个罕见珍稀物种，如阿尔泰葱、菖蒲、梅花草、真杓兰、大花杓兰、平叶燕子草等。

（4）矿产资源及分布。黑龙江流域地质构造复杂，矿产资源种类多，储量丰富的主要矿产资源有20余种。

在中国一侧，镍、钴、铂的储量集中在鸡东县。呼玛县盛产石榴子石。硒、钨、锡、钼、铝、锌、铁矿石以逊克县储量为最多。铜矿以黑河、逊克、鸡东分布较多。还有金矿，主要分布在呼玛、嘉荫、萝北、黑河、穆棱及漠河等县、市。

在俄罗斯一侧，煤炭资源丰富，阿穆尔州和哈巴罗夫斯克州煤炭总储量为1156亿吨，合标准煤413亿吨。阿穆尔州的煤盆地和煤田较多，储量为541.9亿吨。其次，阿穆尔州的黄金矿藏占远东第一位，年产黄金66.7吨左右，占俄罗斯总产量的1/3。此外，还有大理石、铁矿等。

二、黑龙江水系分布

黑龙江水系主要由额尔古纳河、石勒尔河、黑龙江干流、结雅河、松花江、乌苏里江及大大小小支流组成。

在黑龙江干流右侧，从上至下的较大支流有额尔古纳河、呼玛河、法别拉河、松花江、乌苏里江等。在黑龙江干流左侧，从上至下的较大支流有石勒喀河、结雅河、扎维塔亚河、布列亚河、阿尔哈拉河、毕拉河、通古斯卡河、阿姆贡河等。

黑龙江在中国一侧有50平方千米以上的支流668条，其中，50平方千米～300平方千米579条，300平方千米～1000平方千米53条，1000平方千米～5000平方千米30条，5000平方千米～10000平方千米6条，10000平方千米以上4条（包括黑龙江本身）。

　　黑龙江俄罗斯一侧，仅阿穆尔州内就有黑龙江的4条支流，哈巴罗夫斯克边疆区内的16条河流多为黑龙江的支流，滨海边疆区内有乌苏里江的4条支流。

第八章　松花江

一、自然环境

松花江流域位于我国东北地区，流域东西长920千米，南北宽1070千米，流域面积为5568万平方千米。占黑龙江总流域面积的30.2%，且全部在中国境内。松花江流域西部为大兴安岭，北部为小兴安岭，东部和东南部为完达山脉和长白山脉，西南部的丘陵地带是松花江、辽河两流域的分水岭，中部为流域的主要农业地区。流域内山区面积237900平方千米，占流域面积的42.7%；丘陵面积162000平方千米，占流域面积的29.1%；平原面积152300平方千米，占流域面积的27.4%；其他占流域面积的0.8%。

松花江为黑龙江右岸的最大支流，有南北两源，南源为第二松花江，北源为嫩江，两源于三岔河口汇合后始称松花江，至黑龙江省的同江市注入黑龙江。

松花江在历史上曾有多个名字，但第二松花江、嫩江、松花江之名沿用至今，并普遍为地理界和水利界所公认。

松花江流域三面环山，西部和北部为大兴安岭和小兴安岭，大兴安岭东坡较陡，西坡平缓。

东坡为嫩江干流及其右侧支流的发源地，小兴安岭则为松花江干流与黑龙江的分水岭，山地西侧平缓，东侧起伏较大，东部及东南部为完达山脉、老爷岭、张广才岭和长白山脉，长白山主峰白头山海拔2744米，是流域内最高点。东部山地的地形由东向西、由南向北逐渐变缓，长白山主峰西侧和北侧是第二松花江和牡丹江的发源地，东侧是鸭绿江和图们江水系，流域西南部有一部分丘陵地带，东部为江道出口，整个地形向东北方向倾斜。流域中部是松嫩平原，在嫩江下游两岸、第二松花江右岸和松花江干流下游，还有大片湿地和内流地区。

北温带季风气候区，大陆性气候特点非常明显，四季分明，冬季寒冷干燥漫长，1月平均气温在-20℃以下，最低气温出现在嫩江右侧扎兰屯附近，曾达-42.6℃，冬季流域各地土壤平均冻深为1.5米～2.5米，最深处达4米，河流每年10月下旬至11月上旬封冻，第二年4月上中旬解冻，冰厚1.0米～1.5米，封冻天数140～150天。春季干燥多风，经常受西伯利亚和贝加尔湖的寒潮侵袭，常伴有大风，平原地区年平均风速为4米

松花江

/秒，春季风最大且频繁，曾观测到的最大风速达40米/秒，全年刮大风（风速大于10米/秒）的天数为30～60天。夏季炎热多雨，以7月为例，日平均可达20℃～25℃，最高曾达40℃以上。秋季很短，一般9月即有初霜，全年无霜期为100～150天，南部地区稍长。全年日照为2400小时～2800小时。流域内各地相对湿度为65%～75%，多年平均水面蒸发500毫米～850毫米，陆面蒸发391.6毫米。河流初冬封江和春天开江过程中，常出现流冰现象，封江前流冰期一般在13天，开江期约为7天。在开江过程中嫩江上游江段和松花江下游江段，在江段束窄或弯曲厉害处，常出现冰坝现象。如松花江下游1956～1985年曾出现较大冰坝17次，嫩江上游1957～1985年也出现多次，冰坝高度4米～6米。松花江4～10月为畅流期，水温0℃～24℃，通航期为7个月。

流域内多年平均降水量一般地区在500毫米左右，由于流域面积和东西向幅度较大，所以降水的地区分布、年内分配和年际变化

松花江上的夕阳

均有较大差异：东南部山区的降水可达700毫米～900毫米，西部干旱地区仅为400毫米，总趋势是山丘区大，平原区小；南部、中部稍大，东部次之；西部、北部最小。在年内6～9月的降水量占全年的60%～80%，冬季的12月到翌年2月的降水量仅占全年的5%。

松花江流域水系发达，支流众多，全流域面积大于1000平方千米的河流有86条，河流上游区分别受大兴安岭和长白山山地的控制和影响，水系发育呈树枝状的河网，各支流河道长度较短；在中下游的丘陵和平原区内，河流较顺直，且长度较长。在第二松花江范围内，面积大于1万平方千米的支流有3条；在嫩江范围内，面积大于1万平方千米的支流有8条；在松花江干流范围内，面积大于1万平方千米的支流有6条。松花江上游有南、北两源，南源为第二松花江，北源为嫩江。松花江河流总长如以北源嫩江源计算，长度为2309千米，以南源第二松花江天池源计算，则为1897千米。习惯上以第二松花江作为松花江的正源。

流域内水资源比较丰富，但年内分配不均匀。由于流域的来水量主要靠雨水补给，故年内分布特征基本上与降水量相似。一年出现两个汛期：一是春汛，每年4~5月，主要由冰雪融水和雨水形成，水量占年径流量的20%；二是夏汛，主要是雨水，占年径流量的40%~50%。11月下旬封冻后，流量显著减少，进入枯水期。

本流域各河流的含沙量不大，大兴安岭、小兴安岭、张广才岭、老爷岭等部分山区河流含沙量不到0.1千克/立方米，其余的河流含沙量为0.1千克/立方米~0.5千克/立方米，个别河流有大于1千克/立方米的，多年最大含沙量以松花江干流左侧支流呼兰河上的兰西站最大，为2.8千克/立方米。

二、第二松花江

第二松花江流域位于东经124°30′~128°45′，北纬41°45′~45°30′之间，略呈长方形。流域按其自然单元组合，可划分为五个区，即两江口以上包括头道松花江、二道松花江的河源区、两江口到丰满大坝为上游及松花湖区、丰满坝下到三岔河口为中、下游区。主要大支流还有饮马河区和辉发河区。

二松流域地势东高西低，东部主要由长白山、威虎岭、龙岗山等组成，海拔一般在700米~1000米。长白山中国一侧的白云峰，海

松花江大桥

拔2691米，是中国东北地区的最高峰。中部是海拔400米～700米的低山丘陵，分属吉林哈达岭和大黑山；西部、西北部地势平坦，海拔100米左右，是松辽平原的中部。其地质构造比较复杂，形成了许多有价值的金属矿床，矿产资源丰富，金、镍、火山渣、石灰石等的工业储量，在全国都具有重要地位。

二松流域土壤、植被的分布受地形、气候等自然因素的综合影响，具有明显的地域分带性。山区由于地势高、气候湿润，山高林密，素有"长白林海"之称，动植物资源丰富，以参茸为主的土特产资源闻名中外。该地区多以酸性土壤、针阔混交林为主。中东部低山丘陵区为中性或偏酸性土壤，以次生混交林为主。中西部丘陵平原区多以中性或偏碱性钙土为主，是重要的农垦区。西部平原区地势低平，气候干燥，多以碱性土为主。长白山自然环境独特，垂直景观分带明显，原始植被保存较好。

在地域分布上，东南山区，群山环绕，森林茂密，湿润多雨，蒸发量少，水源丰富；西北部平原区，干燥少雨，多风沙，蒸发量大，由于受地形和距海远近的影响，流域的气候和水文要素自东南向西北呈明显的递变规律性。

气温年内变化相差悬殊，全年平均气温4℃，最冷的1月份平均气温－19℃，最热的7月份平均气温21.9℃，流域内降水较充沛，由于长白山脉东北—西南向耸立于上游地区，与东南季风相交，促成降水自东向西逐渐减少。上游长白山地区年降水量一般可达1000毫米左右，下游河口地区年降水量只有400毫米～500毫米，降水的区域差异较大。降水主要集中在夏季，因此，河流夏季洪水较大。

二松流域面积广阔，支流众多，坡降大。集水面积大于400平方千米的主要支流有头道松花江、二道松花江、辉发河、苇沙河、色洛河、木其河、漂河、拉法河、五里河、牤牛河、鳌龙河、团山子河、沐石河、饮马河等14条河流。这些河流呈树枝状构成了网络。二松流域由于受气候影响，水文特征具有明显的区域性和季节性，具有北方河流的典型特征。依据气

结冰的松花江

温、水温、冰情、降水、径流量等特征值进行综合分析，年内出现两个汛期，一个枯水期。春汛，每年4～5月，主要为冰雪融水和雨水，水量仅占年径流量的20%；夏汛，主要是雨水，占年径流量的40%～50%；11月下旬封冻后，流量显著减少，进入枯水期阶段。

二松丰满站年平均径流量175亿立方米，历史最大流量7200立方米/秒，最小流量为57.3立方米/秒。由于上游山区多雨、水量大、流速急、洪水来势比较猛烈，据统计，近30年来发生过22次洪水灾害。

二松干流于吉林市上游24千米处修筑丰满大坝，形成了松花湖，湖水面积约480平方千米，总库容108亿立方米。由于松花湖蓄水的控制作用，改变了"二松"自然径流的状况，使一条奔腾不息的河流，受到一定的人为控制。因二松受电站放流变化制约，该江段具有水量丰富、流速慢、含沙量少、丰满至乌拉街江段终年不冻、水位及流量年变幅较小而日变幅较大等特征。

第九章　乌苏里江

◉　◉　◉　◉　◉　◉　◉

一、流域社会经济状况

1.人口概况

黑龙江流域人口1988年统计为4839.88万人。其中，松花江流域占90%以上。流域人口密度差异较大，其中松花江流域为82人/平方千米，黑龙江干流及乌苏里江流域为17.3人/平方千米。人口密度最小的逊克、呼玛、塔河等县，为5人/平方千米～15人/平方千米。黑龙江干流及乌苏里江流域属于边境地区，开发经营较晚，人口增长缓慢。

边境地区人口分布特点：

（1）人口分布极不平衡。人口最多县（鸡东）是最少县（呼玛）的30多倍。乌苏里江与穆棱河中下游4个市县，土地面积仅占边境地区的17.2%，而人口却占46.7%。

（2）铁路、公路沿线和沿江河地带人口分布比较集中，山地、低洼沼泽地人迹稀少。

（3）开发历史较早的地区人口较多，开发历史较晚的地区人口较少。

（4）人口分布呈大分散小集中的特点，城镇规模小。

2.民族及分布

黑龙江流域是民族聚居之地，居民除汉族外，还有蒙、满、朝鲜、鄂伦春、鄂温克、达斡尔、赫哲等30多个少数民族。各民族中，汉族占人口的90%以上，构成人口的主体。

3.经济概况

（1）边境地区经济。黑龙江流域社会经济开发有着几千年的历史。以往边境地区的工业，除为数很少的油、酒、米、面、铁、木、皮等手工业作坊外，主要是木材、矿业开发。边境地区贸易也早在16世纪就在中俄民间展开。20世纪50年代中苏边贸形势良好，1959年中苏边贸额达18.5亿卢布。

1945年东北解放，边境地区清剿匪徒、民主建设、土地改革，完成了民主主义革命的任务，载入新中国的史册。新中国成立后，新型的社会主义农业制度的确定，激发了边境地区广大农民大力开展农业生产的积极性，整个边境地区的农业经济从此兴旺。

20世纪50年代中期大批官兵屯垦戍边，使肥沃的黑土地上迅速建立了星罗棋布的农场群。与此同时，改造和恢复基础薄弱的旧工业经济，煤炭、林业和其他工业建设也进入了有计划的发展之中，建立了比较可观的工业部门。

党的十一届三中全会以来，边境地区坚持改革开放的方针，全面落实"南联北开""通贸兴边"的战略思想，因地制宜地实行了一系列优惠政策，国民经济和各项社会事业都有很大发展，边境地区面貌发生了深刻变化。大体形成了三大

农作物在肥沃的土地上茁壮成长

水利工程

经济区。

东南部经济区,具有"塞北江南"之称。包括密山、虎林、东宁、穆棱、鸡东等县、市。这里地域辽阔、资源丰富、层峦叠嶂、气候温暖。拥有"百里金川"的黄金基地和煤炭基地,也是焦化基地、陶瓷基地、石墨基地、烟草基地、农副产品基地。

东北部经济区,属"三江平原"开发区,素有"东北粮仓"之誉。包括同江、饶河、抚远、萝北、绥滨等县市。这里江河纵横,地势平坦,土质肥沃,牧草优良,现已拥有

粮食生产基地、大豆出口基地、牧业基地、渔业基地、黄金基地、石墨基地,以及对俄贸易口岸同江。

北部经济区,属大、小兴安岭山区。包括爱辉、逊克、孙吴、嘉荫、呼玛、塔河、漠河等县、区。

这里森林茂密,矿产资源丰富,水源充足,分布着著名的森林工业基地、黄金基地、煤炭基地、商品粮基地、黄牛出口基地、土特产品基地、旅游胜地,以及对俄、东欧贸易口岸黑河。据统计,1986年边境地区工业总产值达21.02亿元,比1980年增长2.7倍。农业总

产值比1980年增长近3倍。

（2）乌苏里江流域经济。东北地区是新中国成立以来最早建成的以重工业为主体的工业基地，而松花江流域是这个基地的重要组成部分。流域内资源丰富，开发潜力大，工业、农业发展的基础好，条件优越，交通发达。

流域内工业门类齐全，有冶金、重型机器制造、机床、发电设备、汽车、拖拉机、石油、化工、煤炭、森林工业、冶金矿山设备、机械等，以及亚麻、棉纺、制糖、饲料、食品、化纤等工业部门。

流域内的农牧业也很发达，松嫩平原、吉林省中部一直是国家的商品粮基地。水利在农业中占有很重要的地位。1988年全流域灌溉面积已达130.2平方千米，其中水田为100.4平方千米，万亩（0.0667平方千米）以上的灌区已建成426处，面积为111.5平方千米，治理了易涝耕地，占需要治理面积的71.6%，流域西部的草原区是牧业基地。流域内有许多农场。

流域内矿产资源丰富，品种多。如石油、石墨、煤炭和天然气储量很丰富；铜、铅、锌、钨、铝等有色金属的矿藏储量大，分布广；森林资源全国闻名，著名的长白山林区、大兴安岭林区和小兴安岭林区每年为国家提供大量优质木材。

流域内交通运输以哈尔滨为中心，形成了铁路、公路、内河和民航互相连接、沟通流域内外的四通八达的交通运输网，铁路和森林铁路差不多遍及流域每个角落。松花江是东北的主要通航水道。民航事业随着国民经济发展和改革开放也有了突飞猛进的发展，流域内的哈尔滨和长春市民航与北京及全国主要大城市均有定期航班。

二、流域水资源开发利用现状及前景

1.水能资源开发利用

黑龙江干流及乌苏里江开发潜力很大。从水资源利用率看，目前黑龙江干流水资源利用率仅为1.4%，特别是水能资源开发，将是黑龙江省的开发重点。黑龙江干流流域已建78座水电站，还有5个在国界河流上，装机容量401.2万千瓦,年发电量167.8亿千瓦小时。实际上其可开发的水能资源,仅在上游地区就有1500万千瓦。

乌苏里江水能理论蕴藏量的发电量为185.39万千瓦,占吉林省全省的41%,可开发总装机360.46万千瓦,年发电量80.32亿千瓦小时,占吉林省全省可开发资源总量的62.2%,1960年丰满水电站总装机容量达55.40万千瓦,设计年发电量18.90亿千瓦小时。白山水电站总装机容量为150万千瓦,机组5台,设计年发电量为20.37亿千瓦小时。在二松干流上共建设3座大、中型梯级水电站,设计总装机容量225.40万千瓦,至1985年已完成装机容量150.40万千瓦,发电能力已达到40.03亿千瓦小时,是东北电网的骨干调峰、备用、事故电站。

嫩江流域现已建成水电站26个,其中,有7个在国界或省界河流上,装机容量为40万千瓦,年发电量10.28亿千瓦小时。

松花江干流流域已建成134个水电站,装机容量159.6万千瓦,年发电量39.2亿千瓦小时。

2.水产资源开发利用

黑龙江和乌苏里江边境地区水域宽阔,水产资源丰富。著名的有鲟鳇鱼、大马哈鱼、鳌花、鳊花、大白鱼等。名贵的鲟鳇鱼是淡水鱼之王,是我国主要产鱼和鱼子出口商品基地。松花江流域渔业生产布局发生了变化,由原来沿江市县发展到山丘缺水干旱地区,使非沿江县市的水环境随着养鱼业的发展而不断改善。

3.水利工程建设

截至1988年,松花江流域已建成大、中、小型水库6551座,总库容257.28亿立方米。其中,大型水库22座,总库容240.47亿立方米,防洪库容64.16亿立方米。在大型水库的总库容中,第二松花江干流上的丰满、白山水库的库容为155.63亿立方米,占大型水库总库容的64.7%,两水库的防洪库容为26.52亿立方米,占大型水库防洪库容的41.3%,从松花江水库工程看,控制效果与流域洪水的情况不协调,除第二松花江外,嫩江、松花江干流地区及一些主要支流区的防洪,主要依靠防洪堤防工程,但

防洪标准较低。

黑龙江边境地区：黑河、鹤岗、伊春、鸡西市至1993年为止，共建设大型水库1座，中型水库4座，小型水库93座。

4.农田灌溉工程

1985年黑龙江全省有各类灌区6671处，设计灌溉面积万亩以上的大中型灌溉区357处。配套机电井66011眼，其中灌溉井48000眼。灌溉方式由单一的自流引水，发展到引、蓄、提等多种形式；工程设施由临时性逐步改善为永久性或半永久性结构。黑龙江全省灌溉工程的总设计灌溉面积为164.2平方千米。灌溉工程的有效灌溉面积为92.3平方千米，占设计灌溉面积的56.2%，比建国初期增长5.9倍。全省共有设计灌溉面积万亩左右的自流灌区155处。其中，有效灌溉面积2平方千米以上的大型自流灌区1处；十万亩以上的中型自流灌区1处，万亩以上的中型自流灌区91处，千亩以下的自流灌区62处。此外，还有小型自流灌区933处。

吉林省第二松花江流域蓄水灌区最大的是吉林市，1985年实际灌溉水田31800000平方米。

5.水土保持

黑龙江省水土流失面积已达500多平方千米，占全省土地面积的1.9%，其中，耕地流失面积400多平方千米，占全省耕地面积的48%，其中，以松嫩平原为最重，开发较早的克拜地区侵蚀模数为6000吨/平方千米，有的高达7000吨/平方千米。现已治理水土流失面积126.7平方千米，占流失面积的25%，水土流失治理任务很艰巨，应以小流域为重点，在措施上做到以生物措施为主，生物措施和工程措施相结合，进行综合治理。

吉林省第二松花江流域因开小片荒、滥砍盗伐森林及挖矿、采矿等原因，水土流失严重。据1962年调查，吉林市水土流失面积新增加4.1396平方千米，丰满水库上游及其沿岸的蛟河、永吉、桦甸三县市部分村坡地开荒0.016平方千米，由于植被破坏，水土流失日益严重。

第十章　额尔齐斯河

⦿　⦿　⦿　　⦿　⦿　⦿　⦿　⦿

一、流域自然经济特点

鄂毕河是世界著名大河。从卡通河与比亚河的汇口处起算，流域面积达297.5万平方千米，居世界第五位。河长5410千米（除鄂毕湾外），河口年平均流量是12300立方米/秒，居世界第13位。

额尔齐斯河流域在中国境内部分，地质构造复杂。阿尔泰山现代地貌特征是主体以断块形式发育，山脉、水系及山间盆地无不受断裂构造控制。按山体内部结构特征，整个阿尔泰山可分西、中、东三段。西段主要在俄罗斯与哈萨克斯坦境内，中段在中国，东段在中、蒙境内。

从大地构造上看，阿尔泰山属阿尔泰萨彦岭地槽褶皱区，位于西伯利亚地块西南缘，构成向南突出的弧形构造系统，西与哈萨克斯坦褶皱区为邻，南与准噶尔台块相接，东部为大兴安岭褶皱区。

阿尔泰山体是在北西走向的华力西北槽褶皱带的基础上，后经多次构造运动呈断块式发育而成的。主体的轮廓和走向均受大断裂控制，山体内部也受到三组断裂构造的共同影响。主要构造方向为北西—南东向，华力西与印支期的岩浆活动，形成大面积的花岗岩类，几乎占山体的一半。阿尔泰山最高峰——友谊峰，海拔4374米，从山脊向西南呈明显四级阶梯下降。海拔大致从3000米下降至2000米，以山前的大断裂与平原分开。

从山区到平原，地势高差达2000米～3000米，自然景观垂直变化显著，为流域的自然条件和自然资源的多样性奠定了基础。由于热力、动力作用的不同，形成了多种矿产资源，其中有色及稀有金属尤为丰富，蒙语"阿尔泰山"即金山之意，是新疆有色金属、黄金开发的重点地区，矿种齐全，储量丰富，铍、钾长石、白云母储量居全国首位，铯储量居全国第三位，锂储量居全国第四位，石墨储量居全国第五位。

阿尔泰山前平原地区广泛分布有第三纪不透水的泥岩，其上覆盖着透水较强的第四纪堆积物，在此基础上发展的土壤，土层较薄，保水性能差。

额尔齐斯河流域地处欧亚大陆腹地，大陆性气候明显。5～8月气温日较差平均为15℃，年较差为34℃～44℃，冬季漫长而严寒，1月份平均气温-24℃～-16℃，极端最低气温在可可托海，可达-51.5℃。夏季比较凉爽，7月份平均气温18℃～24℃，平原区年平均气温4℃左右，山区-4℃～-1℃，大于等于10℃积温2000℃～3000℃，无霜期一般128～160天，农作物一年一熟。

额尔齐斯河流域降水的水汽来源主要依靠纬向西风带来的大西洋水汽，其次是北冰洋水汽，它们沿西部的额尔齐斯河谷而上，并受

额尔齐斯河

茂密的森林

地形抬升作用而致雨。平原区年降水量一般为100毫米～200毫米，山区降水量300毫米～500毫米，高山带降水量可达600毫米～800毫米以上。降水量年内分配较均匀，冬春的降雪量在年降水量中占有较大比重。降水主要集中在5～10月。西部连续最大4个月降水出现在5～8月，东部为6～9月，降水量可占全年的40%～50%，最大降水月都在7月。降水量的年际变化也较小，最大年降水量与最小年降水量之比为2～4倍，小于新疆其他地区。

在哈萨克斯坦和俄罗斯境内的额尔齐斯河及鄂毕河，自然景观

的纬度地带性较为明显，自南向北依次为草原、森林草原、泰加森林和苔原地带。草原主要分布在西伯利亚南部和哈萨克斯坦北部。西伯利亚低地分布着森林草原，这里地表水体主要是湖泊和沼泽。泰加森林带的地表有大片潜水溢出形成沼泽。苔原冻土地带，比泰加森林带更加湿润，沼泽化土地和大量的湖泊占据了大部分的地表。

额尔齐斯河流域在斋桑泊以上为上游。在中国境内，流域内资源众多，水资源、土地资源、草场资源、森林资源、矿产资源在新疆均占有重要地位，为经济发展提供

畜牧业

了基础。这里又是一个古老的牧区，畜牧业生产源远流长，因此畜牧业在国民经济中占有较大的比重。长期以来，依托得天独厚的天然草场，形成了特有的畜牧业格局。1985年流域内人口已增加到48万人，耕地面积155000平方米，人均占有粮食225千克，粮食基本自给。牲畜年末存栏数226万头，占全新疆牧畜总头数的7.5%，而产肉量占新疆总产肉量的13.1%，给新疆上交的肉，占自治区商品肉的40%～50%，为新疆主要产肉基地。森林方面，树种不仅有雪岭云杉，还有落叶松。但流域的总体开发程度低，生产水平不高。粮食的单产和每公顷草场的产肉量均低于新疆平均水平。工业基础薄弱，以畜产品加工和采矿业为主。

额尔齐斯河的中下游，位于哈萨克斯坦和俄罗斯境内。从20世纪50年代以来，开发了农业、矿业和水能资源。先后在额尔齐斯河干支流上兴建了梯级电站。主要有位于支流乌利巴河上的乌利巴水电站；位于干流的乌斯季卡缅诺戈尔斯克水电站、布赫塔尔马水电站和舒利宾斯克水电站。其次是开凿了额尔齐斯—卡拉干达引水干渠。它的建成，不但解决了哈萨克斯坦中部的埃基巴斯图兹、铁米尔套、卡拉干运河的煤炭、铜铁工业用水，还灌溉了附近农田10万平方千米。

在额尔齐斯河下游是西西伯利亚油田（秋明油田）的重要采油区，自20世纪60年代中期开始进行了大规模的开发。

二、水系及河道特征

额尔齐斯河是鄂毕河最大的支流，在斋桑泊以上是上游，至塞米巴拉金斯克为中游，以下是下游。

额尔齐斯河上游及其支流喀拉额尔齐斯河、克兰河、布尔津河、哈巴河、别列则克河、阿拉克别克河等都发源于阿尔泰山。在阿尔泰

额尔齐斯河晚景

现象。

额尔齐斯河及其支流，有许多相似的特点，即上游谷地横剖面常以宽平谷底与陡坡槽谷为特征，或者是宽浅的半圆形U形谷，中游地带常为深窄的"V"形峡谷，有的峡谷深切可达1000米。下游多为辫状水系特别发育的平原河谷横剖面，有的已趋向于游荡性河流。因此每条河流都以上宽、中窄、下宽为其主要特点。

河流源自高山地带，沿途接纳沟溪，呈平行水系网。它们的纵剖面均呈阶梯状，从源头至河尾，陡坡与缓坡相间出现，源头的陡坡被冰雪所覆盖。上游是古冰山谷，谷底平缓，谷坡陡直；中游的峡谷区正是河流溯源侵蚀剧烈地段，它与上下的缓坡之间都以裂点或裂点带相接，谷底的比降小于0.1‰。

额尔齐斯河各支流流域在山区都有山间盆地发育，如阿尔泰盆地、群库勒盆地等。在河流出山口后，普遍反映出平原河流的特征，河曲极为发育，河曲带宽阔，河流侧向侵蚀摆动，河床两侧的河漫滩可达1千米以上。并在宽阔平坦的

山长期间隙抬升作用下，支流都分布在额尔齐斯河的右岸，呈一致流向和倾斜，几乎成并行的排列，并以北、北西向南、南东汇入干流，左岸没有支流汇入，成为中国典型的梳状水系。

值得注意的是，这些支流在流出阿尔泰山麓进入准噶尔盆地后，忽然改变流向，下游转向西南、西，再至北西、西向注入干流，而其转折点就在各河流出山口进入盆地的接触带上。这里是巨大的断层崖之所在。例如布尔津河的急转处就是在它流出山口断层崖谷时发生的。克兰河以东支流，也有类似的

古冰山谷

河漫滩上，遗留有牛轭湖和古河道以及大片的沼泽湿地，特别是从克兰河下游至额尔齐斯河一带尤为明显。

额尔齐斯河及其支流两岸都有阶地发育，阶地数目及相对高差自平原向高山区增多增高。额尔齐斯河在平原地区发育有2～3级阶地，其高差分别为3米～5米、9米～12米、18米～20米。在中山带发育有4级阶地，相对高差为15米、30米、60米、90米。

额尔齐斯河中、下游的主要支流有卡利吉尔河、布赫塔尔玛河、乌利巴河、乌巴河、恰尔河、鄂木河、塔拉河、奥沙河、伊希姆河、托博尔河等。

额尔齐斯河从斋桑泊流出后进入了缺水的草原地区，当河岸为沙质时高7米～8米，为土质时可高达25米。在通过草原地区后，河流进入了石质河岸。在到达塞米巴拉金斯克间有一系列径流量丰富的支流注入。这些支流都具有山地河流的特点，两岸都是山地，河床为石质。

额尔齐斯河此段宽120米～500米，河流的坡降为0.5‰～0.07‰。

从塞米巴拉金斯克以下，额尔齐斯河进入了西西伯利亚的草原地带，此段有鄂木河及其他大支流注入。河床已宽达5千米以上，河漫滩扩展到10千米左右，广泛分布着湖泊与沼泽，河面的宽度在巴夫洛夫附近已超过200米，宽的地方达900米左右。

额尔齐斯河在鄂木斯克以下进入了泰加林地带，河流有宽阔的河谷，河漫滩可宽8千米。河床为黏土质，宽度500米~1000米。河流的坡度变化于0.2%~0.9%以下额尔齐斯河接纳了径流量最大的支流——托博尔河，其河漫滩更宽，达20千米，河流曲流发育，岛屿众多，湖泊及沼泽也非常发育。

鄂毕河也发源于阿尔泰山，不过是在北侧，同样表现出山区河流的特性。其河网密度一般为0.7千米/平方千米。进入草原和森林草原地带，其中心部分是鄂毕河河网最不发育的地区，大部分河流以湖泊作为自己的归宿，许多河流在夏季干涸，只在春汛到来时才有水流。

鄂毕河流域左右两岸的流域极不对称，左岸远大于右岸，其比值约为2.8:1。额尔齐斯河作为鄂毕河的最大支流，其河长比鄂毕河还长，流域面积约占全流域的56%；其次是丘累姆河，占5%。

三、径流及泥沙

1.河水补给来源

额尔齐斯河河川径流的补给来源是多种多样的。这种多样化的补给来源是干旱区的水文特征之一，也给各段的水文情势带来了明显的差异。在上游部分，除地下水外，径流主要由季节积雪融水、雨水和少量高山冰雪融水补给。

额尔齐斯河流域的高山冰雪融水补给主要分布在阿尔泰山南坡的友谊峰附近。

季节积雪融水与雨水补给都直接与降水有关，额尔齐斯河上游的年降水量有自西向东逐渐减少的趋势。这是因为西来水汽逆额尔齐斯河河谷向东推进的结果。在阿尔泰山的高山地区，年降水一般在500毫米，布尔津河上游最高达800毫米以上，在低山丘陵区减至300毫米左右，河谷平原及荒漠地区仅为150毫米~250毫米。额尔齐斯河上游降水的特点是：

（1）垂直地带性规律显著。据现有台站资料，年降水量与测站高程间有较高的线性关系。在海拔1000米以下，每升高100米年降水量增加约17毫米，与中国东部地区相比，递增率较低，但仍比其他干旱地区高。海拔1000米以上的山地，根据布尔津河群库勒站的年径流推估，最高降水量可达800毫米以上。

（2）固体降水在年降水量中占有较大的比重，这是由于阿尔泰山地的严寒气候造成的。在山区，初雪日期一般出现在10月上、中旬，终雪在4月中、下旬，积雪时间长达半年，即使位于河谷平原的布尔津站积雪也长达5个月。山地一般冬季降水量占年降水量的15%～20%，春季占20%～25%，冬、春季的积雪在春末夏初融化，造成了额尔齐斯河上游的汛期。

由于阿尔泰山山体比较高大，温度向山区推进后融水的时间较长，因此各河流的最大流量都出现在6月。河川年径流量与当年10月到翌年9月的年降水量间有着较好的线性关系。这一点也可说明额尔齐斯河上游是以季节积雪融水为主要补给来源。

额尔齐斯河在塞米巴拉金斯克以下进入平原后，年降水量由南往北逐渐由400毫米增加到600毫米。此外发源于乌拉尔山脉东坡诸支流上游的年降水量亦由南往北从300毫米增加到800毫米，在年降水量中大都作为季节积雪融水补给了额尔齐斯河。

鄂毕河流域的河川径流主要补给来源也是季节积雪融水，但各地情况不尽相同。在鄂毕河上游阿尔泰山区的东北部，以雨水补给为主要来源；草原地带的径流补给来源主要是融雪水；而森林草原地带则雨水补给的比重有所增加。

2.年径流量及其变化

额尔齐斯河上游各支流的径流几乎都产生于阿尔泰山区，是径流形成区。平均年径流深在300毫米左右，其分布有自西向东减少的趋势。

额尔齐斯河干流的径流量沿河增长情况为：布尔津为108立方米／秒，至乌斯季卡缅诺古尔斯克为590

立方米/秒，乌斯季伊希姆为1210立方米/秒，托博尔斯克为2280立方米/秒，到河口已达到3000立方米/秒。

鄂毕河流域年径流深，除了阿尔泰山区外，具有明显的地带性分布规律，南面的不足5毫米，向北逐渐增加到超过300毫米。在阿尔泰山区，年径流深与年降水量一致，年径流量随着流域平均高程而增加。阿尔泰山区年径流深最高可达1000毫米，是中亚最高的地区之一。全流域的平均年径流深为135毫米。

鄂毕河干流年径流量沿河增长的情况是，在比亚河与卡通河的汇合处年平均流量为1100立方米/秒，到托米河口已达3000立方米/秒，额尔齐斯河的汇入使河水流量激增为10000立方米/秒，最后在鄂毕河口处为12500立方米/秒。在众支流中，额尔齐斯河约占全河径流量的1/4，其次是托米河与北索西瓦河。

额尔齐斯河上游流域属于干旱区，工农业生产和生活都离不开水。特别是农田灌溉，耗用了大量的径流资源。因此，如何分析人类活动对额尔齐斯河上游年径流量的影响，可以为正确估算年径流量和合理开发利用水资源提供科学依据，非常必要。通常人类活动的影响表现在以下两个方面：一是由于工程措施和生物措施改变了下垫面的条件，使产生汇流的条件发生变化；二是随着国民经济各部门用水的日益增加，大量河水被引用于灌溉等各种用途而减少了年径流量，从而使水情也发生变化，即在作物生长季节减少了河川流量，增加了蒸发蒸腾量，而在非灌溉季节，又会因回归水而增大了河川流量。

根据布兰站1928～1975年实测系列统计资料计算，布兰站多年平均年径流量为98.40亿立方米。可分为两个阶段：1949年前为无人类活动影响阶段，即1928～1949多年平均径流量为99.33亿立方米；1949年后为有人类活动影响阶段，即1950～1975年为97.62亿立方米。二者相差1.71亿立方米，为布兰站年平均年径流量的1.7%。

经过统计经验和年径流量累积曲线分析表明，目前人类活动对年径流量的影响很少。额尔齐斯河在中国出境处多年平均年径流量估算为119亿立方米，而紧靠中国边境的布兰站在几乎无人类活动影响下多年平均年径流量为99亿立方米，说明额尔齐斯河上游在天然状态下有20亿立方米水量用于中国境内的流域蒸发和渗漏等损失，属于自然消耗。

额尔齐斯河年径流量的年际变化较小，与中国东部以雨水补给为主的河流相比要小得多。额尔齐斯河及鄂毕河的年内变化都很大。在额尔齐斯河的上游，径流量主要集中在每年的5～7月，占全年径流量的60%～70%，并有自西向东集中的趋势。按集中度计算，阿勒泰站最为集中，为65.9%，哈巴河克拉他什集中度最小，为50.9%。

额尔齐斯河中下游各支流的年内变化，大致可归纳为阿尔泰型、哈萨克型和西西伯利亚型三种。其中阿尔泰型的特点基本上与上游相似，仅夏秋季暴雨洪水出现机会较多，如布赫塔尔玛河、乌巴河等。哈萨克型的特点是年径流量的大部分集中在春季，其他所占比重很

小，如伊希姆河、托博尔河的上游段。西西伯利亚型的特点是春汛不太集中，而夏秋季的比重增加。鄂毕河及其支流的径流年内变化亦很大。它主要取决于春季（3～6月）径流量占年径流总量的多寡。春季径流量在草原地带要占年径流总量的90%以上。北部及森林地带大部分河流的春汛仅占年总量的一半，冻土地带更少，只有30%～40%。

夏季径流量在草原和森林草原地带的南部不到年径流量的50%，而北部则增加到60%以上。

向北到冻土带又降为40%，阿尔泰山区夏季径流的比重随海拔增加而增加，在高山带可达25%左右。

秋季径流量大部分地区占年径流量的比重小于20%，其中草原带不足20%，只在冻土带可达20%。冬季全流域的径流量占年径流量的比重都在10%以下。

四、流域开发

额尔齐斯河流域在中国新疆境内是个待开发的地区，自然资源优势突出，特别是水、土、草、林、

矿产等资源在新疆甚至全国都占有一定的地位。

经过多年的研究和论证，普遍认为，额尔齐斯河流域开发的核心就是水资源的开发。

该流域是中国有名的畜牧业基地，搞好流域的开发对实现中国向中、西部开发的战略，增强民族团结，巩固边防，处理好中哈、中俄的双边关系，有着非常重要的意义。

为什么流域开发战略的核心就是水资源的开发呢？这是因为：

（1）对于干旱缺水的地区，水是发展国民经济的命脉。

（2）要进一步发展额尔齐斯河流域的支柱产业——畜牧业，必须进一步巩固和壮大畜牧业的基地建设，解决草畜不平衡的问题，其突破口就是开发建设人工草料基地，而建设草料基地就离不开水资源的开发。

（3）采矿业及冶炼业是流域工业开发的重点。流域的矿产资源丰富，尤其是稀有金属、有色金属和贵金属很有开发前景。但矿产的开采冶炼离不开水资源和能源。这些又依赖于水资源的开发。

（4）今后额尔齐斯河流域的开发必须与环境保护同步进行。额尔齐斯河的河谷林是中国干旱区宝贵的天然林，又是流域开发的第二用材基地，同时也是重要的冬牧场所在地，但目前破坏比较严重，必须进行必要的灌溉，才能发展河谷林。同时对乌伦古湖的补水任务也将是长期的。

（5）额尔齐斯河流域处在中国西北边陲，分别与蒙古、俄罗斯、哈萨克斯坦交界，战略地位极为重要，额尔齐斯河又是国际河流，对各国间的区域开发建设关系重大。

新疆是中国五大牧区之一，阿尔泰又是新疆最主要的牧区之一，长期以来，依托得天独厚的天然草场，形成了特有的草原畜牧业格局。传统畜牧业完全依赖天然草场，但现在天然草场已经超载，草场大面积退化，严重地限制了畜牧业的发展。在大农业中，通过实践，人们逐渐认识到"无牧不富"的道理，因此，应当将畜牧业作为流域的主导产业。

第十一章　伊犁河

一、河流简介

中国境内的伊犁河流域属天山纬向构造带的西段，位于伊犁—巴尔喀什盆地东南部。流域由一系列的东西走向的山地和谷地组成，南部哈尔克山高度在5500米以上，其中汗腾格里峰一带有7000米左右的群峰，发育着天山最大的山谷冰川，是与阿克苏河、渭干河流域的分水岭。北部的婆罗科努山，向东的伊连哈比尔尕山，是与玛纳斯地区诸河流域及开都河流域的分水岭。在中下游，伊犁河与楚河流域相邻，在库尔特河以下，河流穿行于萨雷伊希克村劳沙漠与陶库姆沙漠之间，河流大量分叉，河口地区分布着大量沼泽，最后注入巴尔喀什湖。

伊犁河在中国境内主要支流有三条：南支特克斯河、中支巩乃斯河、北支哈什河。在哈萨克斯坦境内主要支流从南岸注入的有恰伦河、克利克河、图尔根河、伊赛克河、塔尔加尔河、卡斯克连河、库尔林河等；从北岸注入的有乌谢克河、科克捷烈克河等。

伊犁河流域地处北半球中纬度西风带，地形总的趋势是东南高、西北低，由最高点6995米下降到最低的巴尔喀什湖（339米），造成了流域内水文气候的东西向和垂直地带性的差异。

伊犁河流域水汽主要来自大西洋，虽然路途遥远，但沿途有地中海、里海、黑海、咸海及巴尔喀什湖大小水体上升水汽的补充，水汽仍较多，西来水汽可长驱直入。据研究，伊宁7～8月的纬向水汽输送能量可达102.2千克／（米·秒），由于伊犁河流域向西敞开，同时又受流域周边高山的阻挡抬升作用而形成了较多的年降水量。在高山区多年平均年降水量为800毫米～1000毫米，中国境内平均降水量643.7毫米，巩乃斯流域的那拉提积雪站，实测平均年降水量达800毫米左右，是亚洲中部降水量最多的山区之一。平原区342.7毫米。全流域降水总量4469亿立方米，其中中国境内降水量309亿立方米，哈萨克斯坦降水量130.8亿立方米（山区）。

在中国境内的平原地区气候状况可分为三种情况：（1）山间盆地（谷地），包括昭苏、特克斯、尼勒克等地，海拔在1200米以上，地势高寒，气温较低，大于等于10℃的积温2500℃～3000℃，多年平均最热月气温仅14℃～18℃，不宜喜温作物生长。但多年平均降水量在350毫米以上，其中昭苏盆地520毫米，降水集中在4～9月，占年降水量的80%，可以进行旱作。（2）河谷平原区，包括巩留、新源、霍城等地，海拔700米～1200米，最热月平均气温20℃～21℃，适宜种植甜菜。冬季海拔850米～1200米为

冰雪伊犁河

逆温层，有利于果树越冬。年降水量300毫米~400毫米，4~9月占年降水量70%。（2）伊犁谷地，包括伊宁、察布查尔地区。海拔600米~700米，冬季负积温小于天山北坡其他地区。大于等于10℃积温3300℃~3500℃。年降水量200毫米~300毫米。四季分配较均匀，有春旱，但不严重。

中国境内的伊犁河流，据历史记载，在汉及魏时为乌孙国，唐为西突厥，明为瓦剌。

自清乾隆年（1760年）在两岸屯垦。至1780年，仅兵屯就已达3300平方米。

伊犁河流域有着得天独厚的自然条件：

（1）由于气候温和湿润，加上有多种地貌类型，形成了丰富多彩的自然景观。流域内野生动植物资源丰富，有天山马鹿、水貂、麝鼠、旱獭、兔獭、四爪陆龟等。野生植物种类更多，仅药用植物就有近500种，如木黄、阿魏、贝母、甘草、党参等。在海拔850米~1200米的低山丘陵及山麓有逆温的存在，生长着我国稀有的野生苹果林及野核桃林等。天然植被覆盖率是新疆最高的地区，木材蓄积量居新疆之首，现今仍有小片原始雪岭云杉，是新疆主要的林区之一。草场质量好，是中国最好的天然牧场之一。

水土资源丰富是农业自然资源的优势。流域内适宜农林牧业直接利用的土地占土地总面积的86%，土地适用率高，质量好。其中宜农土地占41.7%，还有大量农用土地尚待开发。

（2）能源资源丰富，水能蕴藏量205万千瓦，占全疆21.5%，人均水能资源为全国的6倍。且具有良好的坝址，开发条件十分优越。煤炭资源也很丰富，伊犁煤田是新疆的十大煤田之一。

（3）流域内矿藏种类较多，除煤以外还有铁、锰、铜、铅、锌、钨、镍、铀、钛、钒等黑色、有色及稀有金属矿和铝土、耐火黏土，石英砂、白云母、磷、石棉、石膏、重晶有、石灰石等。

由于勘探力量薄弱，还有尚未探明的矿藏。

在上述优越的自然条件下，无

论是农业还是牧业和林、渔业，在新疆都具有举足轻重的地位。伊犁河流域向来有"粮仓""下油盆"之称，又宜于种植甜菜和啤酒花等经济作物。

在牧业中，伊犁马是古代乌孙"天马"的后代，乘挽兼用。新疆细毛羊闻名于世，新疆褐牛也很有名。伊犁是苹果的故乡，伊犁苹果闻名全疆。伊犁河还产名贵鱼类，如鲟鱼等。

二、径流、泥沙及其分布

1.水系特征

伊犁河上游有三大支流，以特克斯河为主源。特克斯河上源部分来自哈萨克斯坦境内，自西向东流，在东经82°以东折向北流，穿过喀德明山，与巩乃斯河汇合后，始称伊犁河。伊犁河向西流经伊宁途中的雅马渡与哈什河汇合，在接纳支流霍尔果斯河后进入哈萨克斯坦境内，最后注入巴尔喀什湖。

伊犁河上游有三大支流：即特克斯河、哈什河和巩乃斯河。

（1）特克斯河，在卡甫其海以上流域面积27864平方千米，是三大支流中最大者，支流密布，以右岸最为发育，呈树枝状。主要支流有木札特河、夏塔河、阿克牙孜河和科克苏河等，其中以科克苏河为最大。

（2）哈什河，发源于伊兰哈比尔尕山，穿行在婆罗科努山和阿吾拉勒山的山间盆地，由东向西流，在雅马渡以上汇入伊犁河，河长316千米，流域面积10225平方千米，占伊犁河流域面积的18.4%，支流多在右岸，呈平行分布。

（3）巩乃斯河，在三大支流中最小。它发源于阿吾拉勒山和伊兰哈比尔尕山的交界处，由东向西流，大致成一直线，同特克斯河交汇处注入伊犁河，河长258千米，流域面积7213平方千米，约占伊犁河流域面积13%，流域形如柳叶。主要支流为恰甫河。

除上述支流外，伊犁河流域还有北坡和南坡二支水系，这些河流大部分中下游段被引入渠道，只在洪水期才有水注入伊犁河。北坡主要河流有皮里青河、契塔克河、霍尔果斯河等，南坡主要分布在察布查尔锡伯自治县境内，主要有扎格斯台河、洪海那河等。

伊犁河进入哈萨克斯坦境内，平原已基本不产流，主要支流都发源于山地。1970年，伊犁河干流在卡普恰盖峡谷建成卡普恰盖水库，水域面积18200平方千米，库容150亿立方米。该库的建立，完全改变了下游的水文情势，特别是对巴尔喀什湖的影响较大。

伊犁河的终端湖——巴尔喀什湖是中亚最大的内陆湖之一，位于哈萨克斯坦东南部。萨雷伊希科特劳半岛将巴尔喀什湖分为东西两部分，西部称西巴尔喀什湖，东部称东巴尔喀什湖。

巴尔喀什湖平均海拔342.6米，年水面蒸发量为1000毫米，年水面蒸发损耗达182亿立方米。巴尔喀什湖流域面积41.3万平方千米，入湖的主要河流有伊犁河、卡拉塔尔河、阿克苏河等。从1930～1969年，多年平均地表水年入湖水量为150.5亿立方米，其中西部为118.5亿立方米，东部为32亿立方米。卡普恰盖水库建成后，由于引水灌溉和水面蒸发等损耗，1970年后地表水入湖水量减少，1972～1983年平

均入湖水量119.8亿立方米，其中西部为93.7亿立方米，东部26.1亿立方米。由于入湖地表水量的减少，使湖水水位下降很快。据计算分析，今日巴尔喀什湖水位比1930～1969年平均水位低1.40米，正常湖水位为342.6米，水面积将缩小2900平方千米，平均水域面积为15310平方千米，储水量减少260亿立方米。

2.河川年径流量及补给类型

伊犁河流域是河川径流补给类型非常多样化的流域。不仅有雨水补给、地下水补给，还有高山冰雪融水补给、季节积雪融水补给以及各种混合型补给。这些补给不仅具

巴尔喀什湖晚景

融化的高山冰雪

有显著的垂直地带性规律，而且在空间分布上也有很大的差异。

在伊犁河上游，三条支流的情况差别明显，就其补给来源而言，可分为：

（1）高山冰雪融水补给。迄今为止，各家对伊犁河流域各支流的高山冰雪融水补给占年径流量的比重数字不一。伊犁河流域各河流高山冰雪融水补给占年径流量的比重以特克斯河流域最大，其中又以支流库克苏河库克苏站占24.5%为最高。特克斯河解放大桥站为23.7%，而哈什河乌拉斯台站为15.1%，则克台站仅占2.9%，与其他学者的估算相比，这些数字偏小。一般认为，特克斯河的高山冰雪融水要占年径流量的50%左右。高山冰雪融水的最大流量出现在6～8月。

（2）季节性积雪融水补给。主要依靠冬半年的积雪至春季气温升高时融化，如皮里青河、扎格斯台河等，最大流量出现在5～7月。

（3）雨水补给。伊犁河流域上游平原地区的年降水量为200毫米~250毫米，山地年降水量最高可达800毫米以上。如位于巩乃斯河流域的那拉提山区海拔1776米的积雪站，多年平均年降水量在800毫米左右，1970年曾达到1140毫米。所以雨水是一些发源于高程较低的中小河流的主要补给来源。

（4）地下水补给。以地下水补给为主的最大河流是巩乃斯河。

实际上有些河流特别是大河多数属于混合型补给。从垂直地带性看，高山地区为冰雪融水补给，中、低山地区为季节性积雪融水和雨水补给。

伊犁河中下游的河川径流补给，大致与上游相似，既有高山冰雪融水补给，也有季节积雪融水补给，雨水补给也占有一定的比重。一些大河如恰伦河、奇利克河等补给的垂直地带性规律也十分显著。

3.年径流量及其变化

伊犁河上游诸河的年径流量是新疆也是全国内陆河流域中最丰富的。

年径流量在各支流中分布也不尽相同，其中特克斯河最大，约占总径流量的50%，其次为哈什

河，为24%左右，巩乃斯河最小，仅14%。

伊犁河中下游诸河流域，发源于不同的山系，其中以发源于外伊犁山河源的年径流量最为丰富，总径流量为40.78亿立方米，其中包括恰伦河、奇利克河等。其次为阿拉套山南坡和特克斯河上游。楚伊犁山北坡最少，仅0.93亿立方米。整个区域年总径流量为69.71亿立方米。空间分布差异较大，径流主要分布在伊犁河的南岸，南岸的径流量占中下游总产水量的76%。

4.径流的年内变化

伊犁河流域诸河的河川径流年内变化主要取决于径流的补给来源，高山冰雪融水占年径流量比重较大的河流，在夏季水量较多，一些雨水补给占年径流量比重较大的河流，年径流量也集中在夏季。以季节积雪融水补给为主的河流春季水量比重较大。伊犁河上游各河的年内变幅是：春季（3~5月）16.3%~43.3%，夏季（6~8月）31.9%~62.1%，秋季（9~11月）12.6%~23.9%，冬季（12~2月）4.5%~15.0%。

伊犁河上游各河川径流的年内分配在新疆是比较独特的。其特点是春汛与夏汛相连接，汛期时间较长，量大而峰缓，径流集中度不高，这对普遍感到春旱的新疆来说，是非常有利的；但有时也会出现短时间的平水或低水期，这往往是受前期降水状况的影响所致。

伊犁河中下游的径流年内分配与上游相似，其特点也是集中度较低，年内分配比较均匀。据研究，对伊犁河伊犁村水电站和卡普恰盖水库入库站1970年前后（即水库建成前后）的年径流集中度和集中期的计算表明：入库站1971～1975年的集中度为31.6%，出现日期是7月13日；伊犁村1951～1969年的集中度为34.2%，出现日期为7月18日，1971～1975年的集中度为20.4%，出现日期为6月15日。

以上说明：（1）经过调节后，径流年内变化更加趋向均匀，夏季（6～8月）入库站径流量占年径流量的45.1%，而伊犁村站则同期降至33.4%。（2）集中期提前，原来入库集中期为7月13日，到伊犁村则提前到6月15日。

5.洪水与枯水

伊犁河及其主要支流的洪水，以高山冰雪融水和雨水的混合型以及季节积雪融水和雨水混合型最为普遍。伊犁河上游是新疆年降水量最多和暴雨强度最大的地区之一。

由于伊犁河各支流的洪水成因不同，各河年最大流量出现的时间也各不相同，特克斯河及其支流库克苏河最大流量出现在6～8月；巩乃斯河及其支流恰甫河则大都出现在4～6月；而哈什河则出现在5～7月。干流右岸的一些小支流如皮里青河、契塔克河等也多出现于春季。伊犁河在上游段的干流汛期长，洪量大，而洪峰不高。

伊犁河中下游的洪水情况与上游大致相同，最大流量多出现在夏季。

伊犁河上游一些支流因为年径流量集中于汛期，而每年洪峰流量的大小又反映了汛期水量的多寡，因此，年平均流量与最大流量间有着较良好的相关关系。如哈什河托海站、特克斯河解放大桥站等。而一些小支流，如皮里青河，因为河道短，河床坡陡，集流快，洪水有

时也能带来一定的危害。

伊犁河流域诸河的枯水期都出现在冬季，此时主要由地下水补给，可分为两种指标：一为最小月流量，一为年最小流量。

枯水径流往往又与河流的冰情联系在一起，伊犁河流域虽然纬度高于塔里木盆地，但在河谷地区，由于冬季普遍存在着逆温层，月平均气温要高于其东部4℃~5℃，加上天山对北方冷气流的屏障作用，使封冻日数少于70天。同样，初冰出现的日期较晚，延至11月下旬，而终冰日期又提前到与塔里木盆地诸河相近。

6.泥沙情势

伊犁河流域主要支流的悬移质多年平均含沙量都在1千克/立方米以下，属于悬移质含沙量低的河流，水蚀模数一般仅为100吨/平方千米~200吨/平方千米，而且年际变化不大，一般年变幅在1.6~4.3倍。但年内变化比较悬殊，月变幅一般达10~20倍，最大月变幅如哈什河托海站可达50倍。汛期的含沙量大，输沙量要占全年总量的64%~85%，推移质泥沙目前尚无资料，但从考察中可以得出。如扎格斯台河、皮里青河和科克苏河等，由于河流比较大，又有一定的沙源，推算汛期中推移质沙量还是较多的，特别是随着人类活动的增加，输沙量会有较明显的增加。

伊犁河流域泥沙的一个显著特点是，在上游干流和有春汛的支流，每年都有沙峰出现于洪峰之前的现象，如雅马渡站、皮里青河、契塔克河等。这是因为在枯水期间流域坡面上积累的碎屑物质，当春汛来临时，大量从坡面进入河网。而到夏汛时，流量虽继续增加，但进入河网的泥沙不能及时得到补给，因而汛期含沙量不高。而一些小河如皮里青河，在汛末地表含水接近饱和，流域内调蓄能力又弱，一旦达到涨水，含沙量便急剧上升，成为一年中的次高沙峰。

三、水资源开发利用

1.水资源利用现状

伊犁河流域水资源的开发利用已有一二百年的历史甚至更早。到目前为止，流域的水土资源及水能资源开发已初具规模。1985

年全流域灌溉面积已达7631平方千米，其中中国4031平方千米，占52.8%，哈萨克斯坦3600平方千米，占47.2%，全年引水量93.44亿立方米，其中中国引水50.24亿立方米，占53.8%，哈萨克斯坦引水43.2亿立方米，占46.2%。

伊犁河流域年总径流量为230.94亿立方米，其中中国境内产生的径流量为161.23亿立方米，占径流总量的69.8%，此外，特克斯河的上游从哈萨克斯坦境内流入的径流量为5.77亿立方米，因此，中国实际可控制的年径流量为167亿立方米。目前，中国境内引水量约50.24亿立方米，其中一部分水量通过渠道渗漏又回归到伊犁河中，每年平均流入哈萨克斯坦境内的径流量为126.4亿立方米，中国境内实际灌溉水量为40.6亿立方米。

新疆伊犁河地区的灌溉农业，元代以前已有一些小型的水利工程，清朝设立伊犁将军府，实行屯垦戍边，农业开发规模扩大。嘉庆和道光年间，先后在伊犁河南岸和北岸修建了察布查尔渠和湟渠，湟渠长约在100千米以上。到1950年

全地区灌溉面积达1273平方千米，总引水量30亿立方米。新疆解放后灌溉农业开发的规模迅速扩大，已建较大的灌区112处，灌溉面积40.3万公顷；修建渠道2.04万千米，引水能力为836立方米/秒；小型水库32座，总库容0.46亿立方米；小型水电站28座，总装机容量3.67万千瓦。

近60年来，中国伊犁河水资源开发利用中存在的问题，主要有：

（1）水资源开发在三大支流中不平衡。其中水资源最为丰富的特克斯河开发利用较少，而主要集中在哈什河。同样，巩乃斯河的水资源也还没有得到充分利用。

（2）现有水利工程设计引水能力大，但实际引水量小，利用率低。现有水利工程年设计能力已达103.9亿立方米，水资源的引用率高达62.5%，但因调蓄能力低、灌区渠系工程不配套等原因，实际引水50.24亿立方米，仅为设计引水能力的48.4%，现在的引水量仅占伊犁河多年平均年径流量的21.8%，占我国境内实际控制径流量的30.1%。

（3）实际耗水量小，回归到伊犁河的水量比重大。中国境内伊犁河流域年实际引水量50.24亿立方米，而实际年耗水量为40.6亿立方米（包括河谷耗水量12.75亿立方米）。按现在灌溉面积测算，每公顷耗水6715立方米，除作物生长的净耗水外，有部分水量转化为地下水，回归到伊犁河的水量约为23.18亿立方米，回归的水量占引水量的46.1%。

（4）用水结构单一。在所有的用水行业中，农田灌溉用水占主导地位。农业用水量占总引水量的99.6%，工业和城镇用水量仅占0.4%，在农业用水中，灌溉用水又占绝大部分，约占总用水量的97%，而畜牧业用水量很小，它反映了天然草场基本上没有得到灌溉，这与伊犁地区作为新疆牧业基地的地位很不相称。今后扩大畜牧业用水比例应该是重要方向之一。

（5）水土资源地域分布不均。伊犁河流域的东部5个县（昭苏、特克斯、巩留、新源、尼勒克），山地面积广大，年降水量较多，气温低，占产水量的87%，但耕地面积较

少，灌溉需水量也少，河川径流的利用率较低。西部4县1市（伊宁、霍城、察布查尔、伊宁市）只占总产水量的13%，但灌溉需水量大，河川径流的利用率较高。因此水土资源地域分布不平衡。

伊犁河中下游哈萨克斯坦境内的水资源量为167.2亿立方米（包括从中国流入哈萨克斯坦的水量），目前哈萨克斯坦引水量43.2亿立方米，流入三角洲115.3亿立方米，最后注入巴尔喀什湖的年径流量为90亿立方米。

20世纪50年代后，伊犁河中下游进行了大规模的水资源开发。主要项目有：

（1）修建卡普恰盖水利枢纽。这是伊犁河干流最大的工程。水库坝高50米，设计水位海拔485米，库区水域面积1847平方千米，库容281亿立方米。现已达到水位海拔476.2米，水域面积1220平方千米，库容150亿立方米，有效库容66.4亿立方米。已建电站总装机容量43.4万千瓦。原设计灌溉能力4500平方千米，现仅在水库抽水灌溉北岸灌区约170平方千米。

由于卡普恰盖水库设计规模过大，使下游的水量急剧减少，伊犁河三角洲和巴尔喀什湖环境恶化，同时水库枢纽发电与发展灌溉矛盾很大。为保证发电不得不缩减灌溉面积。

（2）开凿阿拉木图引水渠。1982～1985年修建了从巴尔托盖水库贯穿各支流的阿拉木图大干渠，形成了统一的灌溉系统，使得山前平原可以全部得到灌溉。

（3）修建巴尔托盖水库。巴尔托盖水库位于奇利克河上的巴尔托盖峡谷。水库坝高63米，库容3.5亿立方米，水域面积14平方千米。水库下游15千米处建有引水枢纽，为阿拉木图干渠的渠道。

2.水资源利用对河流水文的影响

水资源的利用对环境的影响包括水文情势的变化。水资源利用，改变了河流水文系列的状态，可能出现年径流量的减少或增大、突变等现象，使径流年内分配发生变化，这些均对环境产生影响。

首先对雅马渡水文站的年径流系列进行分析。雅马渡水文站位于特克斯河、巩乃斯河和哈什河三河汇口的下游，可以反映三河用水后的水文变化。采用坎德尔秩次相关检验结果表明，雅马渡站年径流有显著下降的趋势。这种下降的趋势有自然的原因，但主要是上游的灌溉面积逐年扩大、三条支流引水量增加的结果。

水资源利用对径流年内变化的影响也十分显著。上文已述及，当卡普恰盖水库建成后，伊犁村水文站的年径流量的集中度由34.2%降至20.4%，夏季水量占全年水量的比重由45.7%降至33.4%，春季由21.1%上升到31.2%，集中期提前，说明径流年内变化趋向均匀。

3.上游流域存在的主要环境问题

任何地区要使经济能够持续发展，必须真正做到经济发展、生态环境和社会效益的完整结合。因此，在讨论伊犁河流域中国境内的经济持续发展前，必须对环境的治理予以足够的重视，而环境治理又与水资源的合理利用密切相关。

（1）土地沙漠化问题。主要分布在霍城、察布查尔和新源三个县境内。沙漠的类型以固定、半固定沙地和垄状沙丘为主，以塔克尔穆库尔沙漠面积最大，约占沙漠总面积的97%，面积为4.8平方千米。

（2）土壤沼泽化与盐渍化。总面积达1460平方千米，其中沼泽地面积900平方千米，盐碱地面积5600平方千米，主要是荒地、沼泽盐碱地，占67%。土壤沼泽化与盐渍化主要发生在察布查尔大河灌区、巩留团结渠灌区和新源跃进渠灌区等排水不畅的低阶地和扇缘溢出带上。引起土壤沼泽化和盐渍化的原因除自然因素外，主要是人为的因素。由于流域内灌区的防渗措施差，没有配套的排水系统，灌溉管理水平低，使灌溉定额普遍偏高，灌溉余水汇积在灌区中的低洼地带，造成地下水位上升，土壤次生沼泽化和盐渍化面积逐年扩大。

（3）草场退化。其中春秋草场退化最为严重，春秋草场的减少与旱田的开发有直接的关系。旱田主要分布在低山丘陵和河谷以及冲积扇的边缘。这里本来就是春秋草场，旱田的开发使季节草场的不平衡进一步加剧。其次是草场退化，鲜草产量下降，夏草场和春秋草场

都呈下降趋势。

（4）山区森林与河谷次生林面积减少。伊犁河流域山区的雪岭云杉是新疆最好的林区。由于重采轻育、毁林开荒等原因，至1982年面积减少350平方千米。河谷的次生林是牲畜的冬草场，河谷次生林的减少，对牲畜越冬造成困难。

（5）水土流失。伊犁河流域的平均水蚀模数在40.4吨／（平方千米·年）～60吨／（平方千米·年），其中特克斯河支流阿克孜雅河的输沙量和皮里青河的含沙量最大。由于水土流失，伊犁河雅马渡站的多年平均输沙量已达到783万吨。

除上述主要环境问题外，尚有环境污染等问题，这些问题的解决，首先要进行规划。

在山区，要建立水源涵养林的保护区。在沙漠与农田交错地区，要改变以农为主的经营方式，加强防护林的建设、实行"以草定畜"的方针，扩大人工草料的基地建设规模。

积极恢复河谷次生林，采用乔、灌、草混交方式，以草促牧，以牧促农，减少水土流失和草场

退化。

4.水资源利用方向

伊犁地区资源丰富，气候温和，发展农牧业的条件非常优越，而且已有一定的基础，素有新疆"粮仓""油盆""毛窝"之称。但目前资源开发的程度还较低，尚有8000平方千米可灌溉土地没有开发，是新疆今后农业重点开发地区之一。迄今为止，伊犁河流域还没有大型的蓄水工程，现有的引水设施不配套，水资源的利用受到很大的限制，只有加速水利建设，实现全流域的调控，才能保证灌溉发展对水资源的要求。

应该充分满足经济和生态环境用水。在水资源相对较丰富的情况下，应充分开发利用土地资源，发展灌溉农业，改造旱田，扩大人工灌溉草场。同时根据资源情况和经济规划，保证高耗水的纺织、造纸、冶炼、火电等的工业用水。

满足和改善伊犁河谷地的生态环境用水，恢复和发展河谷的次生林，特别是要保证抑制霍城西部沙漠东移的固沙用水。

水利建设

第十二章　阿克苏河

一、流域概况

阿克苏河流域位于天山南麓中段西部，塔里木盆地的北缘。阿克苏河由昆马立克河（在吉尔吉斯斯坦境内称萨雷扎兹河）和托什干河（在吉尔吉斯斯坦境内称阿克赛河）两大支流汇合而成。两支流均发源于吉尔吉斯斯坦境内，流入中国境内后，先后流经新疆克孜勒苏州及阿克苏地区的阿合奇、乌什、温宿、阿克苏和阿瓦提等5个县市，在肖峡克处汇入塔里木河。通常以托什干河为主源，从托什干河河源至肖峡克处全长589千米，两支河流汇合后干流长132千米。

阿克苏河流域面积50000平方千米，其中山区面积38000平方千米，平原面积12000平方千米。在山区面积中，中国与外国的面积约各占一半。在平原面积中，绿洲、天然林地和水域占6000平方千米，荒漠和沙漠也占6000平方千米。

托什干河发源于阿特巴什山南坡，在吉尔吉斯斯坦境内的阿克赛河先后汇入的主要支流有捷烈克河、库鲁姆杜克河、缪久留姆河。托什干河在中国境内汇入的主要支流有琼乌宗图什河，河流全长457千米（其中在吉尔吉斯斯坦境内长140千米），集水面积18400平方千米。

昆马立克河发源于汗腾格里峰的西北坡，在吉尔吉斯斯坦境内先后有奎柳河、伊内利切河、卡英德河、乌奇乔利河、阿克希拉克河汇入萨雷扎兹河。昆马立克河在中国境内的支流有莫沿河、托木尔河。

阿克苏河流域地势西北高、东南低，天山南脉横亘流域西北部。

山系在古生代强烈褶皱的基础上，受新构造运动的影响，强烈抬升，形成著名的诸山峰汇集地。其中托木尔峰海拔7435米，汗腾格里峰6995米，是亚洲中部著名的高峰。雪线高度约4100米，一般5000米以上分布有冰川与永久积雪，海拔2000米以下有河谷平原与冲积平原分布，是流域内主要的农、林、牧生产区。

阿克苏河流域地处欧亚大陆腹地，水汽主要来源于西风环流。由于受山地的阻挡，降水主要集中在山区。其中，山区东部降水多、西部降水少，而且垂直地带性规律非常显著。托木尔峰和汗腾格里峰附近的高山区年降水量900毫米以上。海拔2650米~3500米的地带年降水量300毫米~400毫米。山前冲积平原海拔1100米~1200米的地带年降水量增率为16.8毫米/100米。

由于受到东部边缘高大山体的阻拦，山区特别在萨雷扎兹河流域形成较多的降水，整个阿克苏河流域的山区平均年降水量434毫米，东部昆马力克河流域平均年降水量644毫米，西部托什干河流域只有353毫米。

天然草场

降水的年内分配很不均匀，主要集中于夏季，6～8月的降水量约占全年降水量的60%，3～5月占20%左右。

流域的自然景观为典型的荒漠区。山麓平原分布着阿克苏绿洲和荒漠草场、灌丛。在河道两岸有胡杨林的分布。垂直地带性规律明显，低山带是荒漠，只有海拔2000米～2500米处有山地草原分布，2400米～3000米的阴坡有小片雪岭云杉和亚高山草甸出现。

阿克苏河流域虽然属于干旱地区，但阿克苏河带来了丰富的地表径流，孕育出阿克苏绿洲。阿克苏绿洲灌溉农业历史悠久，在1950年以后更加有了飞速的发展，目前已形成以阿克苏市为中心的具有区际意义的阿克苏流域经济区。目前阿克苏流域人口已达90万人左右，主要以维吾尔、汉、回和柯尔克孜族为主。其中农业人口占71%，流域的经济是以农业为主的经济，生产有一定的规模。1988年作物播种面积已达2258平方千米，牲畜总头数200万头，区内农、牧、副、渔、林果业的综合发展，已成为南

疆乃至新疆的粮食、棉花和果品的基地。工业生产从无到有，发展迅速。现在纺织、建材、煤炭、皮革、化工、制糖等已具有一定的规模，工业总产值占工农业总产值的48%左右。

总之，阿克苏河流域有着比较丰富的水资源、充足的热量和土地资源，因此它是南疆乃至全新疆工农业生产潜力最大的地区之一。

二、流域水资源开发

干旱地区经济的可持续发展与水资源量及其合理利用程度是不可分的。

1.流域水资源开发利用现状

目前阿克苏河流域水资源的利用，主要是利用地表水资源。在各用水部门中，又以农业用水为主。1985年流域总灌溉面积2240平方千米，总引水量50.23亿立方米，占当年地表径流量的14.9%，在总用水量中，灌溉用水49.53亿立方米，占98.6%，其他部门只有1.4%（包括工业用水、城市人口用水等）。而在灌溉用水中种植业的用水量又为44.75亿立方米，占总用

水量的90.4%，可见，阿克苏河流域的水资源目前主要用于种植业。

流域已建成万亩以上的大型灌区6处，大中型平原水库4座，总库容3.7亿立方米，有效库容3.08亿立方米，控制灌溉面积466.7平方千米，修建引水枢纽11座。

当前在水资源开发利用方面存在的主要问题是：

（1）由于地表水资源的年内分配极不均匀，每年3～5月的水量仅占全年总量的11%左右，已建成的平原水库调节能力差，蒸发损耗大，各灌区间和不同作物间用水矛盾较大，常引起春旱，给农业生产造成较大的损失。

（2）按已有资料，流域的平均综合毛灌溉定额为2.208万立方米/公顷，约为新疆平均值的1.5倍，也是新疆几个著名的高灌溉定额的灌区之一，造成地表水资源的很大浪费。究其原因，是引水的利用率低和渠系的防渗程度差。阿克苏流域的平均渠系有效利用系数仅为0.35，低于新疆的平均水平。

（3）由于过量灌溉，使得流域内的土壤发生次生盐渍化，并日益加重。

全流域已因严重盐碱危害，使975.6平方千米已开垦的土地弃耕，约占已垦绿洲毛面积的21%，此外，还有30%的灌溉面积存在着不同程度的盐渍化。总之，土地质量的下降，造成农业减产。而土壤盐渍化又迫使加大灌溉定额来洗盐压碱，这样又抬高了地下水位，进而引起土壤次生盐渍化，造成恶性循环。

（4）流域地下水开发利用程度太低。据估算，阿克苏流域不与地表水重复的地下水可开采量达4亿立方米，而目前地下水开采仅为0.4亿立方米，占可开采量的10%左右。因此，合理开发利用地下水，降低灌区地下水位，不仅能够提高水资源的利用率，而且能够防治土壤盐渍化。

2.流域经济发展的方向

根据阿克苏河流域的自然条件，特别是水资源的情况，结合新疆的经济发展需求，阿克苏河流域的经济发展方向应该是：继续保持作为稳定南疆粮食产需平衡的商品粮生产基地和新疆优质稻米生产基地；巩固和发展全国性的长绒棉和优质陆地棉的生产基地；稳步发展甜菜种植和优质瓜果业；努力增加饲草饲料生产，发展农区的畜牧业；同时立足区内丰富的农副产品资源，大力发展纺织、食品、轻化工、制糖及能源和建材工业。确定上述发展方向的主要依据是：

（1）流域内农业生产历史悠久，长期以来一直是作为解决南疆粮食需求的重要商品粮基地。随着南疆人口的增长，南疆铁路的运行和石油的开发，必然引起粮食需求量的增加，需要阿克苏河流域提供一定数量的商品粮。而流域内生产的优质大米，历史悠久，已成为新疆重要的优质稻米生产基地。流域南部丰富的光热资源为棉花的生长提供了良好的条件，生产的棉花纤维长、色泽好、质量高，是中国长绒棉的重点产区之一。陆地棉的生产也已具相当规模。因此，发挥现有农业生产优势，建设好商品粮基地及全疆性的优质稻米基地和长绒棉及陆地棉生产基地是发展流域经济的重要措施。

（2）阿克苏河流域位于南疆，经济基础薄弱，经济的发展只能立足于现有基础，即发展农业，在农业发展的基础上发展以农畜产品为原料的加工工业，积累资金，并逐步向第二产业方向发展。

（3）流域内的自然条件适宜于甜菜的种植，其含糖率在17%以上，产量达30吨/公顷以上。此外，阿克苏河中下游的果品生产已成为优势产业之一，其中苹果、梨、核桃最为著名。

（4）流域内有大片的天然草场可供放牧，畜牧业也有一定的基础，但随着垦殖速度的加快，冬草场减少，牲畜的越冬日益困难，限制了畜牧业的发展。因此，必须在农区进行饲草、饲料生产，才能使畜牧业的发展形成良性循环。

（5）根据流域的资源条件及工业基础，第二产业应立足于农副产品资源，主要发展以棉花为原料的棉纺工业；以羊毛为原料的毛纺工业；以粮食、油料为原料的粮油加工业；以甜菜为原料的制糖工业；以畜产品为原料的加工业，如制革、毛毯、乳制品等。

3.塔里木河对阿克苏河径流量下泄的要求

为了向塔里木河下泄一定的径流量，以保证塔里木河流域的经济发展和维护下游绿色走廊，初步估算，阿克苏河在平水年供水量为33.4亿立方米，在枯水年为28亿立方米。这对处在干旱地区的阿克苏河流域的经济发展无疑是一个重大的限制。

（1）根据上述要求，阿克苏河流域基本上不能再增加引水量，而只能在每年50亿立方米左右水量中进行合理安排。

（2）春旱是农业的大害。为使河川径流量的年内分配符合用水需要，必须进行调节。

目前春季缺水约4亿立方米，应该在昆马力克河及托什干河修建较大型的水库。现已查明，在昆马力克河有大石峡、比木秀克，在托什干河上有沙里桂兰克等较优越的坝址。此外，一旦萨雷扎兹河下泄至昆马力克河的径流量减少，由于有了水库调节，也可减少对阿克苏河中下游的影响。修建水库后，也可为流域提供部分电力。

（3）大力、合理开发利用地下水。尤其是在洪积冲积扇的背部，合理抽取地下水进行灌溉，既能增加灌溉面积，也为改良盐渍土提供条件。

（4）实行节水农业，制止灌溉浪费水量。在留足种子田后，实现经济灌溉定额，以求使每立方米水取得最大的效益。初步估算，若渠系利用系数提高到0.5左右，灌溉定额在近期达到每1626万立方米时，种植业的面积就可达到2528平方千米。但必须指出，当灌溉定额降低后，会引起地下水量的减少，因为渠系渗漏及农田渗漏是平原地下水的主要补给来源。

（5）适当调整种植业的结构。种植业是耗水大户，适当调整结构也是解决供需矛盾的有效措施。总的设想是在大体保持优质水稻面积的基础上，适当增加经济作物的面积，压缩粮食作物和其他作物面积。

第十三章 森格藏布－印度河

一、河流简介

森格藏布（狮泉河）是亚洲著名国际河流印度河的上游，也是中国西藏自治区的主要河流之一。

流域最大长度340千米，最大宽度160千米，流域面积27450平方千米，河长4460千米，落差1646米，平均坡降3.69‰。流域北部、东部和东南部与藏西内流水系相连，南部、西部以阿伊拉日居山脉为分水岭，与印度河最大支流萨特累季河的上源朗钦藏布（象泉河）相邻。

森格藏布流域地貌以高山宽谷为主，西南有喜马拉雅山脉的阿伊拉日居山环绕，冈底斯山由西北向东南横跨流域全境，北部是以斯潘古尔错—班公错水系为主的高原湖盆区。

流域地质构造属班公错—怒江构造区和噶尔—雅鲁藏布江断裂带，形成于燕山、喜马拉雅山构造运动时期。冈底斯山主要以侏罗—白垩纪浅海相灰岩和沙砾岩为主。沿冈底斯山的噶尔古阶地由更新世"贡巴砾岩"组成。森格藏布谷地有紫色砾岩层出露，是我国热带活动最强烈的地热带之一。

森格藏布发源于冈底斯山主峰冈仁波齐峰东北雄瓦尔峰（海拔6106米）以东的切日阿弄拉，河源海拔5536米。该河自源头向西北流至桑穷勒折向北流，经革吉转向东流，在扎西岗附近有流域的最大支流噶尔藏布汇入，转向西北流，于多布附近纳新光隆巴后流入克什米尔地区，始称印度河。

森格藏布沿断裂带发育，岩层破碎，仅河源和下游局部河段较

狭窄，中游宽广平坦，宽度一般在5千米～15千米，河漫滩沿河床分布，大多生长有草甸和沼生植物，较茂密，为主要的放牧场。河谷两侧多高山，阶地不发育，新老洪积、冲积扇与河漫滩或河床相接，扇口多砾石，水分条件差，植被稀疏，扇中部有灌溉条件的已垦为农田。由于土层薄并富含沙砾石，故土质差。

二、水资源特征

森格藏布流域深居内陆，远离海洋，来自东南印度洋孟加拉湾的暖湿气流至流域边缘已成强弩之末。流域以东约360千米的改则，年降水量仅有165毫米，至本流域东部不足50毫米；随西风带而来的阿拉伯海气流亦长途传输并受喜马拉雅山和阿伊拉日居山阻挡，在两山山脊分布大面积冰川和终年积雪，进入流域水汽自西向东迅速减少。降水分布：阿伊拉日居山脊东侧约120毫米，冈底斯山以东狮泉河镇约70毫米，至流域东部边缘革吉及以东地区不足50毫米。流域平均降水量约75毫米。流域内冰川和终年积雪分布面积仅占流域集水面积的1.5%，径流深分布与降水分布一致，西部45毫米，东部不足15毫米。流域平均径流深为23毫米，在我国国际河流中单位面积产水率最低。

1.气温、降水年际年内变化

现有狮泉河气象站、水文站均在狮泉河镇，其海拔分别为4278米和4250米。相邻参证站有东南东375千米（属羌塘内流区南部）的改则气象站，西南南265千米的普兰气象站（喜马拉雅山西段）。

改则：年平均气温−0.1℃，年平均降水量164毫米，按分段统计，年平均气温由20世纪70年代的−0.3℃增至20世纪90年代的0.2℃，主要增温月份为5～7月，其次为2、3、8、9月。改则降水量年内分配不均，7、8两月降水量占年降水量64.8%，6～9月降水量占89.5%，11月至次年4月降水量占年降水量不足4%，其年际变化呈减少趋势。降水、气温变化规律与西藏腹心地区相似。由于更远离水汽源，降水更少，时间更集中。

普兰：年平均气温3.1℃，年平均降水量159毫米，气温多年来略有升高，增温主要月份亦为5~7月，其次为2、3月与8、9月。降水主要由沿河谷上溯水汽形成。春季多雪，降水年内分配较均匀，7~8月降水量占年降水量的30%，6~9月也只占41.3%，而冬半年（11月至次年4月）降水量占年降水量的比例可达44.7%，比改则高出10倍。普兰气温、降水变化规律均相同于沿喜马拉雅山山脊一线其余地区的一般规律，气温升高不明显，降水年内分配较均匀，20世纪90年代降水量明显减少。降水量小于喜马拉雅山东麓，是由于远离水汽源之故。

狮泉河：年平均气温0.3℃，年平均降水量69毫米。气温年际变化呈上升趋势，年平均气温由20世纪70年代的0.3℃，升至20世纪90年代的0.9℃，增温主要月份为5~9月和11、12月（其中5、7、9、11、12月增值均大于1℃），其次为2月。降水量年内分配极不均匀，8、9两月降水占年降水量68.1%，6~9月降水占83.9%，11月至次年4月占10.3%，年际变化呈减少趋势。

2.径流年内年际变化一般规律

森格藏布流域植被稀疏，仅河源区和沿河阶地、漫滩间有草甸和沼生植被，原分布于狮泉河镇上下数十千米范围的大片茂密的红柳林因过量砍伐，现只零星分布；流域内岩层破碎、沙砾石滩广布，透水性好。少而集中的降水（含融水）大量渗入地下，以潜流和泉水形式出露，地下水丰富。

流域内仅有水文站一处，分别于1966~1968年、1994~1998年进行流量和其他水文要素的测量。据实测资料，森格藏布狮泉河镇水文断面径流情况分析如下：

（1）径流年内变化。每年11月至次年3月（含4月上旬），其中12月和1月月平均气温低于-10℃，11月和3月月平均气温在-5℃~-10℃之间，为河流的稳定封冻期（间有温泉出露，河段不封冻）。河水为地下水补给，较稳定，冰厚可达1米左右。连底冻、冰面流水、冰堆积等特殊冰情均有发生。本段实测最小流量为2.1立方米/秒。

4月气温上升，高山冰雪融水和河冰融化，4月下旬至5月上旬常有较小的涨水过程，形成融水峰过程较短，4~6月月平均流量可达7立方米/秒~8立方米/秒，直至7月下旬。

7月底至9月上旬为主汛期，降水集中，降水量可达年降水量的60%以上，水位迅速上涨，年最大流量均出现在8月，实测最大流量86.9立方米/秒（1968年8月），相当于五年一遇。由于河道宽浅、游荡，且无防汛设施，遇一般洪水即出现险段。

（2）降水量与径流量呈良好的线性关系。对典型平水年径流过程线进行分割，并参照集水区内冰川面积和年平均降雪率，推算得出地下水对年径流的补给量高达62%，雨水和融水补给量仅38%，森格藏布狮泉河站以上系地下水补给为主类型的河流。年径流量不仅受制于当年降水，还受上年降水（特别是集中降水）的影响。

三、邻近流域概况

1.朗钦藏布—萨特累季河水系

朗钦藏布（象泉河）位于森格藏布西南侧，是印度河最大支流萨特累季河的上游，也是中国西藏的主要河流之一。河长309千米，流域面积23170平方千米，流域平均年降水量170毫米，径流深约75毫米。朗钦藏布发源于喜马拉雅山西段各则拉附近，河源海拔6123米，河道总落差3373米，平均坡降10.9‰。朗钦藏布中游段流经湖相地层，流水长期切割黄土状的湖相地层，形成独特的酷似黄土高原的地貌。中游段也是朗钦藏布流域农牧业最发达地区，以粮食生产为中心，山、水、田综合开发的"一河两沟"（象泉河、香孜沟、热布加林沟）工程已经启动，为发展现代农业起着示范作用。位于札达县城北的托林寺和城西泽布兰黄土山的古格王朝遗址更是藏民族的文化瑰宝。

2.斯潘古尔错—班公错内陆水系

该水系位于森格藏布北部。斯潘古尔错偏南，集水面积为7175平方千米；班公错湖体呈东西向狭长形，长约110千米，两端较开阔，中部为河道形水体。东、中部和西部的小部分在中国境内，其余在克什米尔。中国境内集水面积和湖面面积分别是22085平方千米和443平方千米。

经实地考察、观测，班公错湖水长年自东向西流，东部湖区为淡水，年水位变幅在10厘米以内，每年9～10月水位最高，6～7月水位最低，具外流湖水文特征。班公错中、西湖区为咸水湖，由东向西湖水矿化度剧增，西部湖区湖水矿化度为中部湖区的8倍。

距班公错湖西端约10千米，有一小湖——查卡尔湖。湖水其中一支西北向支流经塘子附近与哈銮河相汇合流入印度河支流列克河；另一支东南向间歇性流入班公错。

按古湖岸线推算，班公错曾是外流湖，即古班公错湖水曾经查卡尔湖卡口外泄至印度河，斯潘古尔错亦曾汇入班公错。

在中国西藏境内属印度河水系的还有如许藏布（集水面积2630平方千米）和羌臣摩河源（集水面积1397平方千米）。

第十四章

雅鲁藏布江—布拉马普特拉河

一、流域概况

雅鲁藏布江—布拉马普特拉河流经中国、印度、孟加拉国，部分支流发源和经流不丹，是亚洲大河，也是著名的国际河流。河流全长3848千米（包含支流），流域面积约93.5万平方千米，在中国境内流域面积约24.6万平方千米，河长2057千米，称雅鲁藏布江，流域平均海拔高度为4500米。

雅鲁藏布江—布拉马普特拉河流域的自然地理条件极为复杂和独特。在流域北部与东北部以冈底斯山和念青唐古拉山与藏北内陆、怒江上游毗邻，山脉走向大致为东西向，平均海拔约6000米；东部以

伯舒拉岭为与怒江的分水岭；南部为南北走向的阿拉干山脉，是布拉马普特拉河与伊洛瓦底江的分水岭；在流域西北部，喜马拉雅山脉中段为与恒河流域的分水岭；流域西部分水岭不明显。在山系中以喜马拉雅山中段山势最高，有9座山峰海拔超过8000米，其中珠穆朗玛峰是世界第一高峰，海拔高度8844.43米。许多山峰发育着大面积的冰川，冰川融水是河流重要的补给水源。雅鲁藏布江干流穿流在冈底斯山、念青唐古拉山与喜马拉雅山之间，河谷平均海拔在4000米左右，开阔平坦。从派区到巴昔卡为高山峡谷区，出峡谷后进入海拔1500米以下的冲积平原。

河谷地区，由于受喜马拉雅山脉的阻挡，南来的印度洋湿热气流很难到达；同时也很难沿雅鲁藏布江河谷上溯到达内陆。所以该地区在纬度上虽属于亚热带的河谷，但实际上却成了温带和寒温带气候。其特点为干旱少雨、日照时间长、辐射强、风力大。在布拉马普特拉河地区旱季和雨季分明，高温多雨，属热带气候。雅鲁藏布江—布拉马普特拉河全长3848千米，干流弯曲呈弓形。在雅鲁藏布江江段主要支流集中在左岸，左岸总流域面积为右岸流域面积的2.3倍。在布拉马普特拉河河段主要支流又多集中在右岸。从总体来看，流域左岸面积大于右岸面积，不对称系数为1.27。根据形态和水量状况，将干流划分为上、中、下游。

1. 上游段

从河源到林芝市巴宜的派区，河段长1561千米，水面落差2710米，平均坡度1.7‰。河源段称马泉河，发源于喜马拉雅山中段北坡的杰马央宗冰川，海拔高度5590米。在河源区多冰碛湖，湖多与河流串联在一起。从河源到萨嘎县，

海拔4500米～4800米，河谷平宽，两岸为第四纪沉积物，曲流发育，河道散漫，沼泽和湿地有广泛的分布。区内干旱少雨，人烟稀少，为广阔的高原牧场。从萨嘎县到派区海拔降到2800米～4500米之间，河谷宽窄相间，宽坦的谷地、盆地与峡谷相接，顺江而下，有大竹卡峡谷段、泽当峡谷段和加查峡谷段。峡谷段谷底宽度一般100米左右，水面宽50米，峡谷长40千米～300千米不等，水流急湍，落差大，水能资源十分丰富。其中以加查峡谷最为著名，它长37.2千米，水面宽仅30米～40米，两岸山体陡峻，高出水面500米以上，水面落差270米左右，平均比降7.26‰，在僧和湟尔喀形成相对高差4.6米和5.3米的跌水。较大的河谷平地由阶地和河漫滩组成。日喀则宽谷段、曲水宽谷段、林芝宽谷段，谷宽2千米～3千米，最宽处可达6千米～7千米，水面坡降都在1.0‰以下，水流平缓，江中浅滩、沙洲、岔流很多。这些宽谷段是西藏高原主要的农业区。干流挟带的泥沙和各种沉积物，在冬半年西风急流和山谷环流

叠加的条件下，使河谷风沙地貌十分发育，沿干流河谷呈带状不连续分布。在桑木张—里孜（河长188千米）和里孜—派（河长1340千米）的各宽谷段内沙丘成群分布，其中以发育在谷坡上的爬什沙丘最具特点。本段主要支流有年楚河、拉萨河、帕隆藏布和尼羊河。

年楚河发源于喜马拉雅山脉中段北麓，习惯上把发源于桑旺湖的涅如藏布称为主源，海拔5150米，在与巴涌曲汇合后先向西流经索郎山后折向北流，穿越宽谷与峡谷相间的谷地，在日喀则下游4千米汇入雅鲁藏布江。河口海拔为3828米，上游河段长74.6千米，平均坡度11.3‰，为宽阔的冰川谷地。中游，河段长39.7千米，平均坡降为6.4‰，主要为峡谷山地。下游河段长102千米，平均河床坡降约2.2‰。河宽谷平，是雅鲁藏布江流域的主要河谷平原之一，也是西藏青稞、小麦和油菜的主要产区。

拉萨河发源于念青唐古拉山中段南麓，河源在嘉黎县麦地卡东面，是广阔平缓的沼泽湿地。

河源高程5200米。河流上游，

河段长约256千米，河床平均坡降3.7‰，河谷多为丘陵宽谷盆地。中游河段长138千米，河床平均坡降2.6‰，河谷开阔，有明显阶地发育。下游河段长1565千米，河床平均坡降1.9‰，河谷宽达1千米～5千米，河流迂回曲折，多岔流，在拉萨附近河谷宽7千米～8千米。拉萨河流域是西藏主要的工农业基地之一，自治区首府拉萨市位于河流下游。

帕隆藏布由两大支流组成，东支称帕隆藏布，西支为易贡藏布。帕隆藏布发源于阿札贡拉冰川，由南向北流过安贡湖、然乌湖后，进入高山峡谷区，两岸山峰海拔在4500米～5000米，水面高程3300米～3800米，相对高度达1000米以上，河道平均坡降在10‰左右，河面宽30米～80米。易贡藏布发源于嘉黎西北的念青唐古拉山脉南麓，河源高程5000米，河流由北向南流，河谷不宽，不时穿流在高山峡谷之中，在到达八盖后注入易贡湖。

易贡湖是1900年由扎木弄巴特大泥石流阻塞而成，湖长15千米～18千米，最大宽度2千米～5千

米，洪水期湖面积可达20多平方千米。河流出湖后，河床急剧下切，在抵通麦19千米内落差达190米。帕隆藏布在纳入易贡藏布后，折向南流，注入雅鲁藏布江。帕隆藏布和易贡藏布是雅鲁藏布江径流最丰富的河流。尼羊河发源于海拔约5000米的山间湖盆区，河源为拉木错，由西南向东流。上游河谷受两岸山体约束时宽时窄，宽谷中有阶地发育，以牧业为主。中游河段长125千米，河床平均坡降为3.4‰，河谷较宽，为1000~3000米，是西藏主要工业区。下游河段长36千米，平均坡降2.2‰，河谷进一步展宽可达8千米，形成河谷平原，河道摆动性大，水流紊乱，多江心洲，是主要农业区。

2.中游段

从派到巴昔卡，河段长496.3千米，总落差2725米，平均坡降5.49‰，河床高程从2880米骤然下降到155米，平均每千米下降5.5米，从派到墨脱县落差更为集中，自派以下河道向东北绕过海拔7792米高的南迦巴瓦峰，形成了一个大拐弯，流向转为西南，继而又转向东南流，到巴昔卡的西北喜马拉雅山脉最南侧的提航山脚才流出峡谷。长496.3千米，最深处达5382米的峡谷段山势险峻，森林茂密，谷底河道迂回，水流汹涌，蕴藏着巨大的水能资源。据实测，河谷最狭处在大峡谷顶端的岗朗—达波之间，宽75米，流速10米／秒。最险峻地段从大竹卡到墨脱县邦博，长240千米，河宽80米~200米，河道落差可达2600米，是世界上最长最深的峡谷。

3.下游段

从巴昔卡到河口，河段长1292.7千米，总落差155米，平均坡降0.12‰。雅鲁藏布江流入印度后，在热那亚以西与察隅河和卡门河汇合后才称为布拉马普特拉河。进入海拔只有155米的阿萨姆地区，河流转向西南缓缓流动，河床在谷地内南北摆动，中泓不定，有的河段宽达10千米，岔流极多，水道紊乱，形成辫状水系，江中出现许多沙洲和小岛。在河流两岸有自然堤出现和人工修建的堤防，堤外多为大片低洼沼泽，雨季洪水常漫过堤顶，溢出两岸，酿成水灾。位于阿萨姆东部的布鲁夏以下到河口之间的1250千米的河段内均可通行轮船。只有在哥海附近及其以下高尔帕拉附近，由于两岸有低丘束水，才在很短的距离内形成正常的河道。干流在绕行了阿萨姆西南角后又转为向南流，此后干流进入孟加拉国的冲积平原，河床高程已下降到海拔24米以下，河道更为散乱，在巴哈拉巴德以下即进入三角洲，河床又降至海拔20米以下。

4.雅鲁藏布江—布拉马普特拉河、恒河及梅格纳河三角洲

布拉马普特拉河与恒河汇合后，改向东南流，称帕德马河，水道展宽，在昌德普尔附近与梅格拉河相遇，河口逐渐变为喇叭口形，最后在哈利附近分为四股水道，即吕秋利亚河、沙巴普拉河、美格拉河和巴姆尼河，流进桑德威普河道，注入印度洋的孟加拉湾。阿萨姆南坡是世界上有名的暴雨中心，乞拉朋齐多年平均降水高达12000毫米，强大的暴雨所形成的频繁洪水，使三角洲成为世界上洪水灾害最严重的地区。梅格纳河是由东面注入三角洲的一条河流。流域面积80200平方千米，河长950千米，发源于阿萨姆山地，海拔2900米。河源段称巴里卡河，大致向西南流，与卡尔尼河相汇后才称梅格纳河。河流在进入孟加拉国后，流速减缓。河川径流资源十分丰富。河口多年平均径流量1780亿立方米，年平均径流深2404毫米。

该河流洪水期长，洪水泛滥几乎年年发生，洪水主要来自进入三角洲的几条大河。另外，布拉马普特拉河河口是一个强潮河口，最大潮差可达7米左右。潮水可上溯到果阿隆多。每年洪水季节也是孟加拉湾的台风季节。台风风向常与潮水上溯的方向一致，而与洪流形成相互顶托的强风暴潮，使洪水难以下泄，也是加重三角洲地区洪水泛滥的重要原因。洪涝持续时间常常可达3个月，积水1米～3米不等。

总之，雅鲁藏布江—布拉马普特拉河及恒河、梅格拉河的洪水是造成三角洲严重洪涝的重要因素。风暴潮的顶托、三角洲平坦低洼的地形、堤防不坚固或许多河段全无堤防，也是加重洪涝灾害的诸多因素。

二、流域降水和河川径流

1.流域降水

本流域降水具有两个明显的特点：一是垂直变化大；二是中下游降水量远丰于上游。经估算，流域多年平均降水量约1644毫米。位于喜马拉雅山南坡的代林—巴昔卡一带是流域内最大的降水中心，年降水量达5000毫米以上，在代林可高达5317毫米，是世界著名多雨中心。处在喜马拉雅山背风坡的"雨影区"形成了一个少雨带，年降水量在300毫米以下。阿萨姆河谷及孟加拉平原年降水量在3000毫米~2000毫米，是布拉马普特拉河段的少雨区。流域内旱季雨季分明，年内降水量主要分布在6~9月的夏季，可占到全年降水量的80%~90%，最大降水月出现在8月。每年雨季中游比上游来临早，结束晚。在下游区4月初开始进入雨季，中上游则延迟到5~6月。

2.水源补给

雅鲁藏布江—布拉马普特拉河主要补给类型有雨水、地下水和高山冰雪融水。其中以雨水补给为主。

在雅鲁藏布江流域，冰川发育，其融水成为河流重要补给水源之一。据统计现有冰川面积8760平方千米，帕贡布的卡青冰川长达30千米。在河源区被大面积冰川沉积物和风化物覆盖，地表草甸厚，渗透作用较强，雨水和冰雪融水多渗透地下，所以地下水也成为河流的补给水源之一。雅鲁藏布江的主要支流年楚河、拉萨河和帕隆藏布河，分别代表了三种不同补给类型的水源。年楚河位于干流上游，地下水补给占年径流总量的48%，拉萨河雨水补给占年径流总量的46%，位于干流中游的易贡藏布融水补给占年径流总量的53%。雅鲁藏布干流流经不同补给地区时，沿流程各类补给比重有较明显变化。经计算上游的奴各沙站年雨水补给、融水补给和地下水补给分别占径流总量的42%、18%和40%，羊村站分别占44%、20%和36%。在进入大峡谷以后，河水以雨水补给为主。可见，雅鲁藏布江—布拉马普特拉河干流是一条混合补给型河流，并从上游到下游呈有规律的变化。

3.径流年内变化

雅鲁藏布江—布拉马普特拉河流经不同自然地带，径流年内分配与变化具有自己的特点。在雅鲁藏布江雨季主要集中在7～9月，加上有高山冰雪融水的大量补给，是全年的多水期，其他各月河水不丰但平稳，最小水月多出现在2月。在河源区，封冻期长达四五个月，结冰期更长达半年，一直到第二年4月下旬开始解冻。在一年中以8月径流最丰，常出现年最高洪峰。雅鲁藏布江在1962年、1988年和1998年6～9月发生大洪水，这是由于在流域大范围内出现了降水量大、历时长的降水过程，在一些主要测站测得8月降水量在144毫米～388毫米。这三次大洪水有一个共同特点，都为双峰型。在7月下旬发生一个时间短、峰量小的过程；在8月至9月再出现一个历时长、峰高量大的洪水过程。以6月15日至9月30日为一个洪水过程计，在奴下断面出口的洪水总量以1962年最大，为688.2亿立方米，8月洪水量也是1962年最大，为281.6亿立方米。其次为1998年，最大洪峰流量发生在8月下旬至9月上旬。奴各沙站是1988年8月27日最大，洪峰流量5730立方米/秒，羊村站是1962年9月1日，洪峰流量是8870立方米/秒，而奴下站为1998年8月23日，洪峰流量是13700立方米/秒。在布拉马普特拉河，雨季来临早，持续时间长，从每年4月随着春雨到来，气温回升，冰雪消融，河水位开始起涨，6月进入汛期，在6～7月出现全年第一次洪峰，一般在8月出现第二次洪峰，10月以后河水才缓慢减少，11月进入枯水期直到第二年3月。最小水月一般出现在1或2月，最多水月多出现在8月。

三、资源环境与发展

1.资源概况

雅鲁藏布江流域具有十分独特的自然地域，生态系统类型多种多样。特别是物种的多样化程度在中国具有重要地位，包括苔藓、陆栖脊椎动物、鱼类、真菌、昆虫等大量物种；珠峰自然保护区、墨脱保护区和雅鲁藏布江大峡谷已成为中国面积最大的保护区；光、水资源量及水能资源极其丰沛；此流域也是中国铬矿最主要的产地之一；这里还有中国最大的地热田，现已建成的羊八井热电站，从1977～1993年累计发电量达到6.3亿千瓦小时，占拉萨电网的49%左右；流域内拥有丰富的森林资源，主要分布在干流中下游峡谷区，这些森林对调节江河水源起到了重要作用。这里还是藏传佛教的圣地，有布达拉宫、扎什伦布寺等宫殿，还有许多著名的历史遗址。世界第一高峰——珠穆朗玛峰、世界第一大峡谷——雅鲁藏布江大峡谷，更是闻名世界的探险胜地。流域内是一个以藏族为主体，包括藏、汉、回、门巴等多民族的地区，也是目前中国人口密度最低的地区之一，平均每平方千米4人。随着经济的发展和社会的进步，这里将得到保护、开发和利用，同时为雅鲁藏布江—布拉马普特拉河的开发提供基础。

2. "一江两河"的开发

一江指雅鲁藏布江干流，两河指拉萨河和年楚河。"一江两河"是西藏近期开发的重点地区。本地区由于土地能获得较高的日照时数（2000小时～3600小时），使其具有特殊的生产潜力。如种植业的土地分布上限最高可达4700米左右，是中国乃至世界上著名的高寒农业地域。但宜农的土地大多集中分布在热量条件好的干流和支流的河谷区。主要农作物有青稞、春小麦、冬小麦和油菜等。在拉萨市也曾获得每平方千米春小麦147.75千克的高产纪录。素有"西藏江南"美誉的察隅和墨脱地区，土地虽少但可种植水稻，一年两至三熟。畜牧业主要是牦牛和藏绵羊，多分布在喜马拉雅山地。当前"一江两河"的开发将带动全流域的开发，这是本地区促进经济持续发展的最优选择。"一江两河"区包括拉萨市等18个县市，面积6.57万平方千米，人口76.42万。"一江两河"是藏族历史和文化的重要发祥地，自然条件优越：干支流宽谷达5千米～10千米，河谷平坦，灌溉条件好；太阳辐射强，日照时间长，气温日差较大，作物生长期长，水热基本同季；水资源丰富，河川年径流总量可达234亿立方米，人均占有水量约30776立方米，远高于全国平均水平，而且水质好；耕地集中，总面积1010平方千米，约占西藏自治区耕地面积的45.6%，人均拥有耕地1300平方米；水能、地热、太阳能、风能等多种能源丰富，并有良好的开发条件，其中水能蕴藏量达594.1万千瓦；人口相对集中，城镇化程度相对较高，人口数量占全区总人口的36%，平均每平方千米12人，是西藏人口密度最高的地区；交通运输比较方便，初步形成良好的社会投资环境。

3. 脆弱的生态环境

雅鲁藏布江流域的自然资源是丰富的，但其生态环境是十分脆弱的，各种自然灾害比较频繁，在很大程度上制约了地区的开发。

（1）土地沙漠化。雅鲁藏布江流域共有沙漠化土地31410平方千米，占流域总面积的13.1%，其中中度沙漠化土地居多，占沙漠化土地总面积的53.3%。沙漠化造成可利用土地面积的减少，土壤养分损失，生产力下降，严重的还会掩埋住房、水利设施和道路。例如，位于上游的仲巴县处于流沙包围之中，街道普遍堆积了20厘米～60厘米厚的沙土，一些居民住房被埋，

生存环境受到严重的影响。根据有关资料分析，土地沙漠化有发展的趋势，主要是由脆弱的生态环境、气候的干暖化、土地资源的不合理利用所导致。

（2）地震灾害。本流域位于欧亚板块和印度洋板块交接地带，地震活动强烈，是中国强地震地区之一。八度以上的地震烈度区主要分布在墨脱—错那、当雄—羊八井等活动构造带及其附近地区。地震的发生给人民生命财产造成巨大损失。1950年8月15日察隅发生8.6级地震，房屋几乎全部倒塌，死伤2000余人，毁坏了大量的耕地和森林。1951年11月8日当雄又发生8级地震。

（3）泥石流。泥石流是雅鲁藏布江常见的一种自然灾害，主要分布在中下游及帕隆藏布、尼洋河及拉萨河等支流。所经地区岩体强烈切割，是处在新构造运动强烈活动的地区，泥石流活动十分频繁，发生规模大，灾害十分严重，分布也最为集中。据川藏公路西藏段统计，在雅鲁藏布江流域内有各类泥石流沟近420条。然乌—林芝是中国冰川泥石流的主要分布区，有冰

川泥石流沟91条。历史上1902年在易贡藏布的扎木西沟发生了特大冰川泥石流，冲出的碎屑物质堵塞了易贡藏布，形成湖泊。又如帕隆藏布右岸小支沟，流域面积仅25.4平方千米，主沟长8.69千米，1953年9月，由于冰川积雪强烈消融，加上夏季雨水增加，暴发泥石流，冲出1100万立方米固体物质，迫使帕隆藏布河道南移了200米，并堰塞成湖，至今泥石流活动不断，据1953～1973年不完全统计，已发生泥石流600余次。另外，由于冰川强烈活动，冰湖溃决泥石流导致冰川末端的冰碛湖出口的堤坝突然溃决，主要发生在然乌一墨工卡的冰川和冰湖区内。据统计在历史上曾发生过6次，20世纪50年代以来沿川藏公路西藏段发生过4起。

4.水资源的开发利用

雅鲁藏布江—布拉马普特拉河水能资源十分丰富，主要集中在雅鲁藏布江。据统计，干流及五大支流的天然水能蕴藏量为1.1亿千瓦，约占中国水能蕴藏量的1/6，仅次于长江，居全国各大河的第二位。若以单位面积水能蕴藏量计，为每平方千米460千瓦，是长江水能资源的三倍，居中国各大河的首位。

雅鲁藏布江—布拉马普特拉河到1990年已建成水库3109座，总库容6.4亿立方米，主要用于农田灌溉，城镇居民及工业用水很少，水资源利用率不到0.4%，水资源的利用远远低于中国其他大河。流域现有水电站234座，装机容量60592千瓦，难以满足地区经济持续稳定发展的需要。能源短缺既严重地制约了农牧业生产的发展，也对维护当地的生态平衡十分不利。因此，从发展经济和保护生态环境的需要出发，必须加快雅鲁藏布江下游水能资源的开发利用速度。林芝作为西藏重要的工业基地，恰好位于大拐弯峡谷附近，这一工业布局对大拐弯峡谷水能资源的开发利用具有现实的需求和促进作用。同时应使藏南谷地的水电联网，以促进拉萨、日喀则、泽当、江孜、林芝、拉孜等重点城镇经济带的形成，对增强西藏经济实力和促进青藏高原的整体开发，具有重要作用。

第十五章　伊洛瓦底江

一、河流概况

伊洛瓦底江是缅甸最大最重要的河流。河流有两源：右源迈立开江，发源于喜马拉雅山中缅交界处缅甸联邦一侧的奈嘎县。左源恩梅开江是伊洛瓦底江正源，发源于中国西藏自治区察隅县伯舒拉岭来亚拉山东麓，流经中国西藏自治区日东县、云南省贡山县（称独龙江，曾名俅河）入缅甸，在缅境纳狄不勒支流后称恩梅开江。两源在缅甸联邦密支那之北50千米的圭道汇合后，称伊洛瓦底江。

伊洛瓦底江全长2170千米，注入印度洋安达曼海，流域总面积41.1万平方千米，入海河口年平均流量13600立方米/秒。在世界50条最大的河流中，按河长、流域面积、河口年平均流量计，排第12位，以平均年径流量为序，排第10位。据缅甸联邦控制流域面积36万平方千米的赛克撒测站实测资料，最大流量63700立方米/秒，最小流量1306立方米/秒。干流由北向南纵贯缅甸联邦中部，流程内多宽谷平原，入海口形成巨大的三角洲，广达3万多平方千米，现在每年尚以50米的速度向海洋延伸。

伊洛瓦底江干流为缅甸联邦南北交通大动脉，颇具航运之利，三角洲地区河道密布成网，雨季一片汪洋。中、上游谷地、下游的宽谷平原和入海三角洲均是缅甸联邦最富庶的地区，为稻米主产区。

1. 干流

（1）干流概况

伊洛瓦底江正源恩梅开江河源山峰海拔5297.6米，在西藏境内叫日东河，到云南省贡山县迪布里附近入云南省称克劳洛河，下行到斯涌纳麻必洛河后称独龙江（曾名俅河），自北而南穿越贡山县独龙江乡。

独龙江段在中国境内长178.6千米，流域面积4327平方千米。其中，在西藏自治区境内长86.9千米，流域面积2333平方千米，在云南省境内长91.7千米，流域面积1994平方千米。河东岸高黎贡山海拔高于4000米，为独龙江和怒江分水岭，河西岸担当力卡山海拔3600米～4000米，是中缅两国界山。由于新构造运动的不断抬升，江水强烈侵蚀下切，呈深切狭谷，两侧山体高大，逼近河床，沿岸支流较多，源近流短。干支流构成树枝状水系。

独龙江上、中游段位于青藏高原东南部，江面海拔3300米以上，河谷宽浅开阔，下游段行进在狭谷中，河道蜿蜒曲折，谷坡陡峻，岭谷高差达2000米～2500米，中缅交界段山川紧逼，两岸多陡壁、滑坡，河中嶂谷、陡坎相连。

（2）流域特点

流域位于藏东南和滇西北一隅，呈弯曲狭长条带状镶嵌在喜马拉雅山弧形构造带大拐弯部位，北靠"世界屋脊"青藏高原，东接巍峨的高黎贡山，西依险峻的担当力卡山，是一块独特的地理单元。区内新构造运动十分活跃，地质条件、成矿因素异常复杂。流域云南省境内是云南省雨季开始最早、雨期最长、降雨最多的地区，降雨一般始于每年2月，止于10月，年降雨天数达200余天，且降雨多集中在每日的20时到次日的11时。据考察观测，1981年巴坡年降雨量达2932.8毫米，1988年马库村年降雨

伊洛瓦底江晚景

量达4795.9毫米。在海拔3300米以上地区及分水岭地带，特别是海拔4000米～4500米地带，每年积雪期长达六七个月。流域地处偏僻、人烟稀少、交通闭塞、经济落后。世居的独龙族保存着浓厚的民族文化特色。该区是研究青藏高原隆起、横断山地形成、亚热带高山地区生物、气候分布演化、自然生物资源消长、生态与环境演变的关键地区，也是研究人地关系演变的关键地区。长期以来，很少有人涉足，至今仍蒙着一层厚厚的面纱，掩盖着神秘色彩，在中国乃至世界都有着很高的科学研究价值。

（3）社会经济状况

独龙江流域在新中国建立前，仍处于铁、石、骨、木器混用时代，部分过着树栖、穴居和野外生活，社会形态、民族风俗保留着较多的原始遗迹，民风古朴，生产力低下，物质匮乏，社会经济发展水平极低，人们生活困苦、艰辛。但夜不闭户、路不拾遗，也堪称"世外桃源"。

流域属云南省贡山县独龙江乡，这里主要的大春作物有玉米、

辛劳的"渔夫"

水稻、大豆、鸡脚稗，小春作物有豌豆、洋芋，蔬菜品种单一。养殖业以猪为主，次为黄牛、山羊及少量绵羊。境内的贡山宽额牛为地方特种，发展迅速。近年来，现代文明不断渗入这块古老的土地，市场经济与商品观念已开始萌芽，专业户、小商贩不断出现，传统的采集和狩猎难以补充粮食、蛋白质、脂肪的需要，随之而来的是扩大耕地、广种薄收、森林减少、水土流失、生态环境恶化，亟待协调当地人与自然、人与土地的关系，以便建立新的平衡，使这片古老的土地得以继续生存和发展。

（4）保护与发展

独龙江乡人口还会增加，社会经济将不断发展、人民生活将不

断改善和提高，开发利用的深度、广度和强度将继续扩大和加深。为此，必须制定符合实际和合理开发保护的全盘规划，以协调好人与自然、人与土地的关系，因势利导，提高当地自给自足能力。开发利用资源应权衡利弊，持稳妥慎重态度，逐步进行。矿业开发要不致恶化环境；生物资源开发要保护古、珍、奇、稀动植物种群不被灭绝；减少森林消耗；水资源开发要以利用降水为主，并疏导过多水分，努力兴修小水电站，解决当地照明和必要的生活、生产用电；土地开发要以发展经济林、粮食、畜牧、花卉、药材为主，要引导固定耕地、提高单产；利用湿热、多雾优势，发展茶叶、菌类生产，增加收入；旅游应集观光、探险、科考为一体，逐步发展，边贸要以日用品换取外方宝石、玉石、毛皮、珍贵木材、药材、花卉为主。还应看到：这是一条潜在的毒品通道，应严加防范。要培养人才，提高文化素质。改良、选育当地畜禽品种，引进先进生产、养殖技术，加大营林和人工经济生态群落建设，增加投入，把以保护为主与开发利用结合起来，以遏制流域生态环境继续恶化。

2.大盈江

大盈江是伊洛瓦底江在我国境内的重要支流，古称太平江。大盈江发源于中国腾冲市古永乡中缅国界线一带，河源在高黎贡山西南支脉尖高山（山峰海拔3302米）南麓，河源段叫地方河，南行纳帕堂河后易名为大岔河，到胆札纳滇堂河、轮马河后称槟榔江。南行到猴桥纳古永河，到盈江县勐乃纳支那河，过盏西盆地纳芒芽河，到新城纳南当河，到盈江盆地北部下拉线接纳南底河后称大盈江。大盈江东北—西南向贯穿盈江盆地后纳户撒河进入虎跳石峡谷，南行8千米到38号界桩为中缅界河，再行16千米纳右岸中缅界河南奔江，于37号界桩入缅甸联邦出国境处海拔297米。在缅境八莫北汇入伊洛瓦底江。中国境内河流全长204千米，天然落差3250米，河床比降15.9‰，其中槟榔江段河长127.3千米，天然落差2692米，河床平均比降21.16‰，盈江坝段河长53.3千米，落差仅48米，比降为0.9‰，虎跳石峡谷段长24千米，落差510米，平均比降21.25‰，可见河床比降两头大中间小。流域共建有太极村、盏西、梁河、下拉线、拉虎链等水文观测站，经各站观测计算，流域各县产水分别为：腾冲市20.3亿立方米，梁河县14.4亿立方米，陇川县2.62亿立方米，盈江县35.1亿立方米，流域共有水量72.42亿立方米。大盈江干支流所经腾冲、梁河、盈江等县，既具水利水电之利，也受其洪、涝、沙之害。

流域地势从北到南逐级下降，源头腾冲市古永乡狼牙山、五台山、尖高山山峰海拔3300米～3500米，河流出境处中缅37号界桩处海拔仅297米，在南北长约170千米的流域范围内，高差达3000余米。流域东西宽32.2千米，两岸分水岭对峙，极具云南西部横断山区河流谷地的地貌特征：干支流上峡谷与开阔盆地相间分布；盆地河段河床平缓，水流缓慢，泥沙沉积，河床淤积抬升，河道游荡，主流摆动，不断地制造着洪泛和内涝；峡谷段石质河床，水流湍急，携沙能力强，谷口阻水滞洪，进一步加剧了坝区的洪泛和内涝。

流域地质背景属青藏高原滇、缅"歹"字形构造体系西支中段，以大盈江断裂为主要构造骨架，由槟榔江弧形构造带和腾冲—梁河弧形构造带共同组成，新构造运动强烈。出露地层多为下古生界深变质的混合岩、混合花岗岩、片麻岩、片岩和千枚岩，多呈南北带状分布，岩层风化强烈，强风化带厚一般达30米～50米，最厚达100余米，风化物以黏土、沙卵石为主，松散、软弱，极易受到侵蚀，是流域内泥石流固体物质的主要来源。

流域内槟榔江两岸及盈江盆地外围山地为侵蚀和剥蚀的中山区，南部为低中山陡坡地貌，切割深度一般为500米～1000米，山坡陡峻、沟谷发育，常见陡崖、跌水。由变质花岗岩组成的地表，植被良好，局部因人为破坏，造成水土流失。山岭之间为断陷盆地堆积侵蚀地貌，分布在盈江、盏西、梁河等地，地势平坦，耕地集中，人口稠密，经济较发达。

二、气候与水文

流域南北跨度大，海拔高低悬殊，地貌类型多样，气候有明显的南北差异和垂直变化，北部主要为中、北亚热带，南部以南亚热带为主。海拔1000米以下地区，夏季长达150天以上，有霜日仅14.4天，光热资源丰富，适宜多种喜温作物生长。海拔1500米以上地区年降水量多，湿度大，温度相对低，热量欠佳。

夏秋时节，印度洋暖湿气流沿河谷北上，受到高黎贡山阻挡，流域降水丰沛，并随海拔升高而增加。雨季开始早，一般在4月下旬到6月上旬之间。据流域内3个水文站4个雨量点的观测，年平均降水量在1400毫米～2020毫米之间。流域径流系数普遍在0.5～0.7之间，一般是河谷低而山地高。北部河源山地及西翼山岭可超过0.7；年径流深大部分地区在800毫米～1400毫米之间，由河谷向山地逐渐递增，盈江盆地以南河谷不足800毫米，而西翼和北部山地超过1400毫米。流域内工业不发达，主要有糖厂、纸厂、织布厂，年排废污水量不到400万立方米。近年来，有毒有害物质氯、铬、酸等，已对旧城龙潭、干流槟榔江段、大盈江段、支流盏达河、拉弄大沟及团结大沟等局部水域造成污染。受污染区的水体颜色变黄，水质变劣，杂质漂浮，阳光下臭气溢出，鱼类减少，尤以平原和弄章两糖厂的污染严重，应引起重视。下拉线站多年平均输沙量432万吨，多年平均含沙量0.79千克／立方米，汛期为0.98千克／立方米，属泥沙含量不大的河流，但因泥沙淤积集中于农田、村镇附近，危害性显得十分突出。

流域水能总蕴藏量为128.24万千瓦，主要集中于槟榔江段及大盈江干支流，其中槟榔江段37.22万千瓦，占总蕴藏量的29%，大盈江干支流61.02万千瓦，占47.6%，其余分布在南底河及其支流。随着区域经济的发展，紧靠缅甸联邦的区位优势，中缅口岸建设的日新月异，对外开放要求的提高，生态保护意识的日益加强，加大水能资源的开发力度，已势在必行。

三、森林、植被、土壤

流域内森林植被属南亚热带和中亚热带季风常绿阔叶林区，建国初期森林覆盖率在60%以上，现由于人口增加，人均耕地减少，城镇烧柴等原因，开始向山地进军，毁林开荒、刀耕火种，使森林覆盖率锐减了30%，目前森林只集中在人烟稀少、交通不便的槟榔江流域的中缅边界一带。据盈江县资料统计，仅机关、团体、居民、糖厂、砖瓦厂、石灰窑年烧柴一项，每年将消耗木材11.6万立方米，相当于全县林木自然生长量的57.3%，由于薪炭的大量消耗，已迫使森林向边远深山退缩。根据流域内土壤普查，流域主要有黄壤（黄棕壤）、红壤、赤红壤、冲积土、水稻土等5类11个亚类，20个土属，15个土种。前三类主要分布在山区、半山区，后两类主要分布在坝区。由于气温高、雨水多、土壤风化程度高，矿物质、有机质分解快，土肥淋溶作用强，自然土与耕作土普遍偏酸，缺磷、少氮，有机质含量低。长期以来，耕地重用轻养，致使耕作层浅，保水保肥能力低，排灌不配套，坝区稻田地下水位高，低洼地区内涝、冷浸、锈水田占相当比重。

主要自然灾害有：

1.干旱、洪涝

流域由于人口增加，耕地面积迅速扩大，森林面积减少，生态环境迅速恶化，干旱、洪涝、泥沙淤积和水土流失，已成心腹之患。流域每年4～5月为泡田、栽插黄金时节，而雨季始于5月中下旬，严重影响着水稻栽插。支那河、槟榔江、大盈江段的干流两岸受洪涝威胁，面积达90平方千米，人口8.3万人。据1900年以来的资料统计，大盈江局部缺口造成损失的有26年，平均3.46年一次，最近的1983年、1984年、1985年、1987年，也严重受灾。

灾害发生的频率越来越高，灾害损失越来越大，部分河段河床高出地面，地上行河使两岸农田排水不畅，出现冷浸甚至沼泽化。

2.水土流失

1942年南底河流域大地震后，多处发生严重塌方、滑坡，成为泥石流高发地区。经现有资料分析，槟榔江流域面积2249平方千米，南底河1763平方千米，分别占总量的56%及44%，两江流域面积相差不大，但槟榔江来水占总量的70%，泥沙量占总量的25%，而南底河的来水量占总量的30%，来沙量占总量的75%，当地人说"槟榔江的水，南底河的沙"是颇有道理的。槟榔江的泥沙来自支流支那河上游达梅、芦山一带，现水土流失面积已达95.5平方千米。而南底河的泥沙来自梁河盆地和梁河入大盈江河段的支流浑水沟一带。浑水沟现经倒坝、拦沙、压脚、提高侵蚀基准面，情况已有好转。

大盈江流域洪水、内涝、外涝、淤积、河床抬高、主流摆动、冲刷、改道、河岸决口，灾害形式多样，类型齐全，分布面广，互为因果。应统一规划，因势利导，控制河势，维持河道整体形态，利用长期自然动态平衡结果，或拓宽，或加深，或裁改，或控制水土流失，或加高加固、培厚堤防。另外要做好上控下泄治水规划，在干支流上兴建蓄水工程，以控制洪水，调蓄洪量，削减洪峰，兴建调节电站、灌溉、城乡供水水源工程，新、改、扩建和调整坝区现有灌排系统。

治理方式与规模，应依据流域各级河流各级河道现状、特点，河流治导线及行洪规模、过洪标准，河道现有宽度，分析灾害成因、类型、特点，采取不同手段、措施，分类、分级、分段进行同步治理。还要做好措施后的防范工作，否则达不到预期效果，还可能引发严重后患。

对于槟榔江段干支流，南底河的梁河、盈江段水土流失面积占相当比重，是云南省有名的水土流失区，在做好治理水土保持规划的同时，应纳入地方立法范畴，持之以恒，长期治理，不能朝令夕改。

总之，应保护水源及水土保持林，改善流域生态环境，减轻、防止水源污染，发展水产养殖业，加大流域水量水质管理力度，并通过立法，以使流域水资源得以永续利用。

第十六章　怒江－萨尔温江

⦿⦿⦿⦿　⦿⦿⦿⦿⦿⦿

一、流域概况

怒江北与长江上游的通天河及澜沧江上游的鄂穆楚河相邻，南以念青唐古拉山与雅鲁藏布江分界。河流自西北流向东南与澜沧江并行南下，经安多盆地，穿流在错那湖、黑河盆地的湖泊、沼泽区之间，河谷开阔平坦，纵比降小，水流缓慢，河床高程在4300米以上。流域周围是5500米～6000米的高山，现代冰川很发达。黑河桥以下，源于两侧高山冰川的支流先后汇入，河床是松散的冰川沉积物，并有阶地。支流索曲汇入口以下两岸山丘渐近河床，沿河宽谷与窄谷相间，至加玉桥河段逐渐过渡为峡谷河道。

河流进入藏东南横断山区后，流向转东南，流域西南伯舒拉岭把流域与雅鲁藏布江流域分开，东北隔他念他翁山与澜沧江并行。南北两侧高山上有海拔5000米～5500米以上的雪峰及冰川，主流行进在相对高差达2000米～3000米的深切河谷中，河道纵比降大，每千米下降约4.5米，高山深谷，水面宽仅100米左右，水流湍急，两岸少有平地或阶地，流域东北与澜沧江的分水岭较宽，有冰川凿蚀和冰川沉积的地形，覆盖着草甸和生草层，如邦达草原。在他念他翁山的南侧，有与之平行的隆里南山山脉，中间夹着怒江上游的重要支流玉曲河宽谷。本段干流及小支流均呈"V"形河谷，沿河无法通行，只有溜索才能过江。新中国成立后，建立了几座永久性的铁索桥。本段年降水量已有所增加，达600毫米～700毫米，降水多以阵雨形式出现，持续

时间不长，暴雨也很少，5000米以上的高山，夏季降水多以飘雪的形式出现，一般不出现暴雨山洪。冬季天寒地冻，河川径流量很小，支流甚至出现断流。

怒江进入滇西横断山区以后，流向正南，流域西面耸立着高黎贡山，为与伊洛瓦底江的分水岭，东面隔着狭窄的怒山山脉——碧罗雪山与澜沧江相邻。河流两侧高山夹江对峙，高山陡峻、紧逼河岸，山坡壁立，谷底至山顶高差一般为1000米~2000米，水下多陡坎，河水完全在幽深的峡谷石槽中流动，河道平均比降为3‰，最大达15%~20%，谷窄水急，两侧从高山直接注入的小支流众多，与干流垂直相交，形成典型的"非"字形水系结构。支流因源高流急，常呈急瀑垂直注入干流，并将携带的碎石堆积河口成为滩阻，滩阻以下水流似箭。本段是流域宽度最窄的地段，常称之为"瓶颈"地区，东西宽仅21千米，在世界大河中极少见。经量算，由金沙江向西通过澜沧江、怒江至伊洛瓦底江，穿过四条大河，其水平距离仅185千米。

是跨流域调（引）水地理条件最优势的地方。流域处于滇西北高山峡谷区，地势由北向南逐渐下降，至泸水桥以下，河流由高山峡谷区过渡到中山宽谷区，两侧山势渐低，河谷时而展开时而束窄，沿河出现小面积的阶地和坝子，其中怒江坝是怒江干流沿江最重要的农业区。

沿江气候自北而南变化较大，垂直分异明显，随海拔降低气候由寒温带进入中温带、暖温带，至河谷为亚热带。夏热冬暖，北部茨开站年平均气温14.8℃，1月平均气温7.7℃，7月平均气温21.4℃，年降水量1640毫米，向南随海拔降低气温升高，降水减少，到永德县，年平均气温17.4℃，1月平均气温11.8℃，6月平均气温20.6℃，年降水量约1304毫米；植被以季风常绿阔叶林和思茅松林为主。河谷气温更高，降水更少，为干热河谷。本段降水主要受西南季风影响，年降雨量在1200毫米~1600毫米之间，局部达2000毫米。由于岸坡陡峻，且多暴雨，常引起山洪、泥石流和滑坡。1985年泸水市石头寨对面滑坡，曾使怒江断流20多分钟。

河流在南汀河汇口附近出横断山区，进入云南高原的延伸部分低山宽谷盆地区，河流两侧山地海拔在2500米以下，流域变宽，河流弯曲较多，纵比降相对变缓，局部地区河谷和水面展宽。如南汀河入口处的滚弄渡口，南滚河自西向东汇入干流处，低水位时水面宽达450米。

但沁河、南邦河的入口处仍为峡谷。在缅泰边界的登劳山，干流转向西南处峡谷最窄，纵比降也加大，但远不如横断山区那样陡峻。

干流沿河及支流上游高原面上，时有坝子和宽谷，是人口聚居的农业区和城镇。萨尔温江穿行在掸邦高原时，流域更宽；高原面上的局部地区有海拔900米～1200米相对平坦的高原面，但大部分地区地面侵蚀剧烈，有深切的峡谷和高原面上相对高差800米～900米的山峰，显得崎岖不平。流域自西向东南倾斜，西部比东部高200米～300米，再西是该江与伊洛瓦底江的分水岭山脊线，海拔高达1800米～2500米。东部与湄公河、湄南河的分水岭则为破碎的山地。流域大部分地区分布着石灰岩和变质石灰岩，有溶蚀盆地、落水洞、天生桥及伏流等喀斯特现象。区内岩石裸露，土层很薄，在起伏平缓的地区和地势较低的谷地、溶蚀盆地内有现代沉积物，土层稍厚，在更低洼地区有残存的小湖，如莱茵湖等。南邦河汇入后，河流进入缅泰山地，两岸山地又紧逼河岸，河谷狭窄，比降加大，水流湍急，直至缅泰边界南端桑今河流入后，河谷才又逐渐开阔，河床高程降至50米左右。

云南高原南部和掸邦高原，完全受热带季风影响，河谷低处属热带，稍高地区属亚热带。年降水量1500毫米～2000毫米。南卡江上游卡瓦山一带是多雨中心，年降雨量在2500毫米以上；南卡江下游至沁河入口处，为下游降水量最少的地区，年降水量不足1400毫米。气候分干、湿两季。春季最为干热，6～10月雨季内多暴雨，河流水位暴涨骤落。流域内平地少，人口稀疏。地面大都覆盖着亚热带和热带森林。

萨尔温江流出掸邦高原后，进入缅泰山区，地形破碎，一排排南北向的山脉与狭长的南北向低谷交错排列。支流多发育其间向南注入干流。其中唯有汗那河与扎米河是自南向北在毛淡棉附近汇入干流。此时萨尔温江进入河口附近的冲积平原，河道开阔，出现岔流及分流，且河中多浅滩。萨尔温江在毛淡棉，分南、北两支流入安达曼海的莫塔马湾。北支从毛淡棉向正西行进26千米入海，水道宽3千米～4千米，原是萨尔温汇入海的主道，近年已渐淤塞；南支从毛淡棉向南行进32千米入海，河口呈斗状，上口宽不足2千米，下口宽达7千米，水道较深，是海轮出入的通道。两支水道中均有面积大小不等的沙洲分布。在入海的两分支水道中间，夹有面积约350平方千米的比鲁君岛，岛屿北宽南窄为三角形，南北长约30千米。岛上有南北向的低山分布，是此岛系沿岸的一部分，而不是河口冲积的三角洲。可见萨尔温江基本上是一条没有河口三角洲的河流。

二、主要支流

怒江—萨尔温江流域狭长，支流众多，但长大者较少，除河源段汇入的支流呈树枝状外，大部分支流均沿构造线发育。

玉曲河是怒江上游的主要支流，又称鄂宜河，发源于青藏高原瓦哥山脚下的冰川湖泊，位于怒江和澜沧江的分水岭上、他念他翁山和隆里南山之间。流域呈南北狭长如玉带，与左右两条大江并行。上游经过邦达草原时，河谷宽广而平坦，各种沙砾层遍布，水道散漫。邦达以下进入狭谷地形，左贡以下河谷又变宽展，沿河农牧业均较发达。下游接受梅里雪山冰雪融水补给，河流急剧下切，河谷既深又窄，坡降陡峻，支流以飞瀑形式汇入干流。流域地处高寒山区，蒸发较小，径流系数高达0.6，水量丰富。

枯柯河发源于云南高原，位于怒江和澜沧江之间，由北来的枯柯河与南来的镇康河汇入干流。上游在高原面上，地形平缓，是较好的平坝农作区。保山坝是怒江流域最大的高原盆地，坝区利用蓄、引水灌溉，农业发达，盛产水稻、小麦。江边潞江坝盛产甘蔗、咖啡和热带水果。保山市是流域内仅次于毛淡棉的第二大城市。

枯柯河流域属亚热带气候，气温高，蒸发量大。流域平均年径流系数较其他河流低，仅为0.38。

南汀河大部分流域面积在中国境内，发源于云南省临沧市临翔区，河流沿断层线流向西南，在缅甸滚弄附近汇入干流，是流域内较大的东西向支流。南汀河流域虽属山区，但河谷比较宽广，沿河农业较发达。中游穿过孟定坝区，坝区海拔仅500米左右，是中国发展橡胶及热带经济作物的地区之一。

南卡江是南汀河南面同一侧的支流，上游分别源于中、缅境内，自北向南与南马河汇合后向西南流入缅甸。上游为中缅两国界河，流域内分布着2000米～2500米的高山，是多雨中心。南卡江流域平均径流深达918毫米。流域内林木茂密，河川径流及水能资源均较丰富。

萨尔温江段右侧的南邦河、南滕河和南棒河均发源于掸邦高原。这些河流除上游分水岭地带为山地外，中下游一般为起伏不大的丘陵。流域在石灰岩高原上水系不发达，小支流在春季多出现断流。主河道纵比降平缓，两侧的平地是高原上的主要农作区。下游河段多为深切峡谷，以瀑布或急流的形式注入干流，在汇口段形成较大落差。此外，雨季时干流河水上涨，将支流来水堵塞，甚至发生回流。支流挟带的推移质和悬移质泥沙堆积于河口形成浅滩，更加大了汇口处的跌水作用。

河口平原区汇入的支流尚有右侧的荣扎林河，左侧的汗那河与扎米河。这三条河流的上游都是多雨高山，下游或中下游行进在河口冲积平原上，水流缓慢，河曲发育，流域面积虽不大但水量较丰富。汇入干流时，均受潮水影响，感潮段可以通航。

第十七章 澜沧江—湄公河

一、河流简介

澜沧江—湄公河发源于中国青藏高原唐古拉山北麓,自北向南先后流经中国的青海、西藏和云南三省区及缅甸、老挝、泰国、柬埔寨和越南5国,在越南的胡志明市西部入海,是东南亚地区唯一一条穿越6国的国际性河流。从河源到河口,干流全长4900千米,流域面积80万平方千米,总落差5167米,平均比降1.04‰,多年平均径流量4750亿立方米。

澜沧江—湄公河是东南亚一条沿南北方向发育的重要国际河流,也是一条世界著名大河。以其长度计,在世界各大河中位居第6位,以其流域面积看,位居世界大河之第14位。

澜沧江—湄公河在中国其源头有东西两支,在西藏昌都两大支流汇合后始称澜沧江,澜沧江在云南的西双版纳州勐腊县的南阿河口出境后称湄公河。澜沧江—湄公河在中国境内干流总长2055.2千米,其中青海省境内448千米,西藏境内465千米,云南境内444.1千米;从南阿河口至南腊河口31千米为中缅界河,以下在老挝境内干流长777.4千米,柬埔寨境内长501.7千米,越南境内长229.8千米,缅甸界河长234千米,泰国界河长976.3千米。

澜沧江—湄公河从河源至河口,流经各种景观带与差异明显的、多层次的社会、经济、政治区域。例如,自北向南其自然景观涵盖了除沙漠气候环境之外的所有地表形态:冰川区的寒带、寒温带、温带、暖温带、亚热带、热带的干冷、干热和湿热的多种气候带；穿越了冰川、草甸、高原、高山峡谷、中低山宽谷、冲积平原等地理单元。

由于流域主要降水天气系统——西南季风流向与近似南北向的流域两岸分水岭山脉斜交角度小，被阻挡抬升，形成流域左岸迎风坡多水带，右岸背风坡少水带，左岸水系较右岸发育，产水量也远高于右岸。如流域面积大于5000平方千米的支流，全流域左岸有15条，右岸仅7条，其中澜沧江左岸4条，右岸1条；下湄公河左岸11条，右岸6条。

流域面积大于10000平方千米的支流，全流域左岸8条，右岸4条，其中澜沧江左岸1条，右岸无；下湄公河左岸7条，右岸4条。

二、河源

澜沧江—湄公河属太平洋水系。昌都以北，分东西两源。东源扎曲长518千米，较西源昂曲364千米长154千米。扎曲在尕松多以上分为扎阿曲和扎纳曲两支，前者较后者长2.6千米，流域面积为577平方千米。因此，扎阿曲为澜沧江—湄公河正源。它发源于拉寨贡马山，面积为0.4平方千米、海拔5167米的小冰川。行政区划属中国青海省玉树藏族自治州的杂多县，地属唐古拉山脉北麓。在囊谦下游50千米处有子曲和盖曲支流注入。杂多以上海拔5000米，最高山峰海拔5876米。

与东源平行发育的西源，名昂曲，其上游段称吉曲。东西两源在昌都汇合后始称澜沧江。

河源区平均海拔4500米以上，属高原草甸区。气候寒冷干燥，一年只有冷暖两季，冷季一般持续八九个月，暖季仅有三四个月。年季间温差相对不大，昼夜温差甚大。多年平均气温在零度以下。零度以上的年积温刚能满足天然牧草结籽繁衍的需要。牧草的生长期一般只有80天～90天。

年降水主要集中在暖季的七八月份，降水的特点为降水日数多，但每次降水量少，降水强度大。降水受地形影响明显，降水发生在暖季的午后及夜间，且常伴有冰雹出现。据玉树自治州初步统计，多年平均雷电日数在60天以

澜沧江

上。杂多县多年平均冰雹在20天以上，1965年一年内冰雹日数竟达41天。

该区盛行西风。八级以上的大风日每年平均在70多天，尤以冷季的3～4月为多，最多可持续10天以上。

主要地貌类型可分为河谷平原、高山和冰川。河谷平原分布在主要干支流两边的河谷，平均海拔4500米。其特点是地面比较平坦，相对高差不大，地面坡度一般小于10度。这部分高原河谷平原大部分为沼泽地，具有较强的蓄水能力。

高山是澜沧江源头地区的主要地貌类型，海拔高度为4500米～5800米，按地面起伏程度的不同，可分为丘陵、小高山、中高山和大高山。

丘陵主要分布于扎阿曲、扎纳曲及阿曲等河流的河源及河谷平原两侧。由于起伏度较小，丘陵大部分为高山草甸，它和河谷平原一样是良好的天然牧场。小高山主要分布于扎纳曲、阿曲河的两侧及沿扎曲北部的部分地区，为高山草甸区。中高山是河源地区分布最广的地貌类型。大高山主要分布在流域北部的河源地区、东北部边界地区及杂多县城以下的地区。流域内部亦有零星分布的大起伏高山，由于海拔较高，其山峰裸露，或由冰雪覆盖。

冰川在河源地区的总面积约60平方千米，属山谷冰川。集中分布在北部边界区海拔5500米以上的大高山上。流域北面仅有零星分布的小冰川，面积为0.1平方千米～0.5平方千米不等。冰川末端海拔一般为5100米～5200米。

第十八章 元江—红河

一、河流简介

红河水系是中国云南省6大水系之一。流域面积占云南省总面积的19.5%；流域人口600余万，占云南省总人口的17.9%；流域耕地面积4773平方千米，占云南省总耕地面积的17.6%；流域水资源总量472亿立方米，占云南省水资源总量的21%；流域水能资源蕴藏量980万千瓦，占云南省水能资源蕴藏量的9.46%。流域包括云南省大理白族自治州、楚雄彝族自治州、昆明市、玉溪地区、红河哈尼族彝族自治州、思茅区、文山壮族苗族自治州等7个地州市的38个县（市），对云南省南部地区的社会经济发展具有十分重要的意义。

元江—红河为双源型河流，分别发源于云南大理白族自治州巍山县和祥云县，到红河哈尼族彝族自治州河口县出中国境入越南。在越南境内上段称富春江、下段称红河，在海防市注入北部湾，是东南亚地区一条重要国际河流。全长1280千米，流域面积11.3万平方千米。

风景优美的楠溪江流域内地质构造复杂，最早处于扬子板块与滇、泰、马来板块的结合部，西为地槽区，东为地台区。前震旦纪时，东为滇中古陆，西为滇缅古陆，两古陆夹北、北西向延伸的兰坪—思茅海槽不断增生，海槽则受到不断俯冲而缩小消失，构成了流域前期地质演变史。后来流域受青、藏、川、滇"歹"字形构造体系影响，形成从点苍山变质带向东南方向延伸直到红河三角洲长达1000多千米的红河大断裂，控制了元江干流的发育和哀牢山的走向。西部受北西—南东向断裂的控制，东部受向南凸出的弧状断裂的制约，形成了中部巨大的哀牢山变质岩带，而东部的西侧是中生代红层，东侧为石灰岩分布区。

流域源头为云南高原西部、云岭山脉南延分支地带与滇中"山"字形构造西翼结合部，并列的祥云、弥渡、巍山三盆地为红河源头集水区，河流相汇南下后夹峙在两列高大的山体——哀牢山和无量山之中，北端山体宽厚高大，山峰海拔多在2500米以上，部分超过3000米，如弥渡境内的九顶山、太极山，新平的甲介山、大雪山。各大山互相紧靠，夹峙着源头干支流，山体南延后扩展分散为多条分支，高度下降，山体破碎，多为红河干流与支流李仙江（上游把边江）、藤条江、阿墨江及澜沧江支流威远江的发源地和分水岭，河流在波状起伏的支脉山体中蜿蜒行进，形成多条支流，单独出境后才汇入红河干流。这些河源地区均属滇中高原和滇南喀斯特地貌。

流域地貌为两大单元，东部是滇中高原，西部是横断山地。滇中高原分南北两块，北块为以中生代沙页岩为主的滇中红色高原，是红河水系和金沙江水系的分水岭；南块是滇东喀斯特高原，是红河水系和南盘江水系的分水岭，石灰岩广布，地表崎岖，石沟、石芽、溶斗、洼地、峰林、峰丛遍布，落水洞、暗河、伏流河多。分水岭地带高原面保存较好，并发育有平远街、文山坝等较大的溶蚀构造盆地，而高原面周围地势陡降，从海拔1500米左右下降到几百米甚至不足百米，形成破碎的石灰岩中低山和峡谷，如小河底河、盘龙河等，都比较典型。

流域降水差异大，从700毫米～3200毫米，大部分地区介于1000毫米～1600毫米之间。流域中有4片多雨区。李仙江下游和藤条江多雨区，年均降水量在1800毫米以上，至中越边境山地可达3000毫米；哀牢山中段多雨区，分布于干流和阿墨江之间，山顶降水量超过2000毫米；南溪河下游及迷福河多雨区；南利河南部山地多雨区，年降水量在1800毫米～2000毫米。

三片少雨区，年降水量不足800毫米：一是巍山河、毗雄河、马龙河少雨区；二是元江、把边江、阿墨江、绿汁江少雨区；三是绿汁江上游碧城、禄丰少雨区。分布规律是从下游往上游递减，从河谷向山地递增。流域水面蒸发在900毫米～1500毫米之间，元江中、上游蒸发量大，超过1400毫米；南部与海拔低的地方蒸发量小于1000毫米，如南溪河、迷福河、勐漫河流域，其余地方介于1200毫米～1400毫米之间。

流域径流状况差异大。干流红河县城以上，左岸绿汁江上游区，年径流系数小于0.2；鹿窝河、马龙河一带低于0.1；盘龙河、南利河上游在0.3以下。径流高值区在李仙江、藤条江、南溪河、迷福河、盘龙河下游，径流系数在0.5以上，江城、金平山区超过0.7，年径流深在700毫米以上；哀牢山中段元江与阿墨江之间径流深可达1000毫米～1400毫米；其余地区径流系数介于0.2～0.5之间，年径流深300毫米～700毫米。

红河流域云南省境内流域面积7.48万平方千米，其中干流3.81万平方千米，单独出境支流3.67万平方千米，分别占50.94%与49.06%，干流年产水量为162亿立方米，占34.3%，单独出境支流年产水量310亿立方米，为65.7%，将近干流产水量的2倍，这与云南省其他流域有很大的不同。

流域水文地质条件复杂，各类含水层组均有分布，受地质构造、岩性、地貌、植被多种因素影响，地下水储存方式与组合差异大，流域地下水总量为153.26亿立方米，占河川总径流的37.4%。

红河流域是云南省6大流域中含沙量最大的河流，年平均含沙量0.36千克/立方米～4.93千克/立方米，小于金沙江而大于其他流域，占云南省总输沙量的27.4%，流域平均侵蚀模数1190吨／（平方千米·年），为6大流域之首。滔滔江水因含大量红色泥沙而呈红色，这就是"红河"之名的由来。

流域水能理论蕴藏量为980万千瓦，占云南全省的9.46%，年发电量858.5亿千瓦小时，占云南全省的9.46%，其中干流蕴藏量149.8

万千瓦，占流域储量的15.29%，支流830.29万千瓦，占流域储量的84.71%，流域可开发电能357.51万千瓦，年发电量201.24亿千瓦小时，低于金沙江、澜沧江和怒江的水能容量，居云南省第4位。

红河干流水质良好，但部分支流的部分河段受到不同程度的污染，如绿汁江、扒河、一平浪河、把边江川河段，盘龙河文山段等。因流域内工业不发达，污染源不多，污染程度较轻，目前影响还不算严重。

流域南北跨3个纬度，长约680千米，海拔从3200米下降到76.4米。北回归线横贯中部。气候受水平地带性和垂直地带性的双重影响，南部和北部、河谷和山地差异显著，总体是北部干热，南部湿热。自南而北有北热带、南亚热带和中亚热带三种气候类型，其土壤、植被分布亦与之相对应。

北热带在元江县以南海拔400米以下的红河干流及支流藤条江、李仙江下游河谷，又分干、湿两种类型。湿润型以河口为代表，绝对最低气温1.9℃，年≥10℃的活动

积温达8255.3℃，日均温大于等于10℃的时段持续364.1天，终年无霜，年降水日有181天，年降水量1790毫米，干旱指数小于0.5。年均雾日51天。植被为典型湿润雨林，林木茂密郁蔽，树种丰富，寄生植物及木本藤条发达。土壤以砖红壤为主。干热型的海拔稍高，位置偏北，年绝对最低气温为-0.1℃，大于等于10℃的年活动积温8704.5℃，大于等于10℃气温年持续365天，年霜日0.6天，年降水量784.4毫米，年降水日只有114天，干旱指数2.0以上。植被为干热稀树灌木、草丛，乔灌木代表为木棉、黄杞、合欢、蚱子花、黄毛、肉质仙人掌、霸王鞭，土壤为燥红壤。

南亚热带在流域中下游，植被为常绿阔叶林、思茅松或针阔混交林，土壤为赤红壤及红壤。

中亚热带在流域上游弥渡、巍山等县及文山州内各支流。海拔在1000米～1740米间，大于等于10℃年活动积温4900℃～5800℃，年绝对最低气温-6.8℃～-1.4℃。按湿润状态可分为湿润、亚湿润、亚

干旱三种。湿润分布在元阳、绿春、墨江、江城等县，亚湿润分布在景东、新平等县，亚干旱分布在南涧、弥渡等县，以季风常绿阔叶林和云南松为主，树种为刺栲、木莲、桢楠、滇阔南、云南松、旱冬瓜等，土壤为赤红壤、红壤，谷地中有褐红壤。

哀牢山是云南省中南部东西水、热、气候条件的分界线，在同一纬度条件下，东部海拔400米的水、热、气候条件与西部海拔800米的条件相当。东部干燥，植被单一，动物稀少；西部水热充足，动植物种群资源丰富，森林茂盛，植被覆盖率远大于东部。

云南省境内流域多年平均水资源量472亿立方米，人均占有8300立方米，耕地1公顷占有9.9万立方米，超过云南省平均水平。现流域已有有效灌溉面积1493平方千米，占总耕地面积的31.6%，旱涝保收面积919平方千米，占总耕地面积的19.5%，其中引水灌溉面积占总灌溉面积的50.6%，蓄水灌溉面积占39.3%，井灌和提水灌溉占10.1%，上游干支流地区以蓄水灌溉为主，引水灌溉为辅，水利化程度较高。下游干支流及单独出境河流以引水灌溉为主，蓄水灌溉为辅，水利化程度较低。全流域以地表水利用为主，占98.9%；地下水利用较少，占11%。流域水利工程总控制水量达14.4亿立方米，水利开发利用率仅为3.05%。

二、主要支流

1.李仙江

红河右岸单独出境的一级支流。发源于云南省大理白族自治州南涧县宝华乡，流经景东、镇源、普洱、思茅、江城、墨江、绿春诸县市，在绿春县出中国境入越南社会主义共和国，称黑水河。黑水河为越南北部大河，于河内北部越池市入红河。河流全长982千米，在中国境内长488千米，流域面积2.34万平方千米，行进在无量山和哀牢山两大山脉之间。在南涧县境叫"石洞寺河"，景东县境叫"川河"，镇源县恩乐坝段叫"恩乐河"，镇源、墨江两县交界段叫"新抚江"，墨江、普洱两县交界叫"把边江"，江城与墨江、绿春交界叫"李仙江"。

李仙江流经思茅人口稠密、经济发达地区，具有非常重要的灌溉意义。同时蕴藏着205万千瓦的水能资源，比元江干流的蕴藏量还大，具有很大的开发利用潜力。随着流域经济发展，交通的改善，生物、矿藏资源的开发利用，水电开发前景看好。

李仙江干流可分为上（川河）、中（把边江）、下（李仙江）三段。上段河流夹峙在无量山与哀牢山之间，谷地海拔不到1600米，岸山在2000米～3000米之间，河谷深切，河中多跌水、陡坎，适宜小水电开发。景东县文化乡以下，河流进入宽谷，流程蜿蜒曲折，河曲发育，河床宽浅，水流平缓，漫滩、阶地成片，支流短小，水量不大。河谷热量充足，农作物生长良好。景东县后到阿墨江汇口为中段，统称把边江。流经恩乐坝时又叫恩乐河，河谷宽展，弯道甚多，此处河段流经山地，岸山夹峙，河床陡峻，岭谷高差大，支流多而小，墨江与普洱、江城交界段有勐野江、文笔河、磨黑河汇入，水量大增，

多年平均流量达203.4立方米/秒，汛期最大达2130立方米/秒，枯水期也在15立方米/秒以上。阿墨江汇口到出境段称李仙江。流经江城、绿春两县交界，穿行在哀牢山余脉之间，主流下切力强，形成"V"形狭谷或嶂谷，大支流集中，集水面积1000平方千米以上的有阿墨江、小勐漫河。

集水面积在100平方千米～1000平方千米之间的有加禾河、坝渡河、土卡河、乌泥河。干流出中国境处多年平均流量已达470立方米/秒。流域南北跨越20多个纬度，源远流长。流域降水丰富、水系发育、支流众多，有可观的水能蕴藏量。流域平坝少、山地多，水热条件好，植被茂盛，物产丰富。

2.藤条江

藤条江发源于红河哈尼族彝族自治州红河县驾车乡牛威村宝洞山，河源海拔2285米。流经红河县洛思乡，阿扎河乡（与绿春县戈奎乡交界），元阳县的沙拉托、黄茅岭乡，金平县的老勐、勐拉乡，从勐拉乡流出中国境，出境海拔282米，入越南社会主义共和国称楠那

河，到莱州汇入黑水河。

藤条江中国境内干流长173.2千米，流域面积4200.3平方千米，多年平均流量202立方米/秒，水能理论蕴藏量84.73万千瓦。丰富的水利水能资源开发利用甚少，有较大的发展潜力。河流为亚热带山地河流，干流从西北流向东南，河谷狭窄下切较深，受地质、地形影响，河床时陡时缓，急流险滩和平稳河段相间。以子雄河（又叫巴得倮巴河）口和乌拉河口为界，全河可分三段：上段在驾车乡和洛恩乡境，两地分别叫白那大河和贝那罗巴河，河长68.6千米，河床高差1328米，平均比降19.36‰，多年平均流量7.19立方米/秒。中段流程40.6千米，高差324米，平均比降7.98‰，多年平均流量22.7立方米/秒。中上段都为"V"形河谷，谷宽20米～50米之间，岭谷相对高差500米～800米，沿河阶地甚少，两岸林木繁茂，植被良好。下段流程64.04千米，高差176米，平均比降2.75‰，沿河老猛、勐拉、那发三个河谷小坝呈串珠分布，坝区河谷拓宽，河床宽浅，河道弯曲。三

坝之间由浅至中切割的"V"形谷段相连。两岸支流众多，河长较短。集水面积100平方千米以上的有乌拉河、坪坝河、南板河、茨通坝河、荞莱坝河、三家河、金平河、金水河等。流域地处哀牢山南段尾闾，构造属滇西地槽东部边缘与康滇地轴的结合部，压性、压扭性断裂发育，褶皱紧密，褶皱轴与主断裂线都为北西南东向，河流也沿此方向发育。流域山地面积占99%，宽谷和小型盆地少，而在下游只占全流域的1%。

以山地为主的流域立体气候显著，海拔较低的老猛坝、勐拉坝、金水河谷为北热带湿润型气候，终年高温多雨，多年平均气温22.5℃，年均降水量达1628.7毫米。海拔稍高的中、上游河谷区属南亚热带气候，多年平均气温17.8℃，多年平均降水量2260毫米。海拔再高的元阳、绿春两县大部分地区，及红河县的乐恩、驾车乡则为中亚热带气候类型，大于等于10℃的年积温在5000℃以上，年降水量约1420毫米左右。全流域气候类型虽有差异，但都有夏热多

雨、冬暖稍干的特点。

土壤为湿热条件下形成的红壤系列，土层深厚，铁、铝含量高，河谷低地和低海拔地区为砖红壤。河流两岸，坝区低平地为水稻土，河谷低地和低海拔地区为砖红壤。海拔1500米以上山地为赤红壤或红壤，较高山地为黄壤或黄棕壤。

流域植被为热带雨林、季雨林、亚热带常绿阔叶林，中上游山地森林植被保存良好，下游河谷热带雨林、季雨林多被破坏，部分由人工橡胶林代替。

流域在云南省南部为多雨区，据流域内11个观测站点资料统计，年降水量从1378.4毫米~3472.2毫米，年降水总量达89.2亿立方米，枯水年也在69.7亿立方米以上。降水集中在4月~11月，占全年总降水量的81%~85%，年际变化不大，终年湿润。

流域以农业为主，粮食作物有水稻、玉米；经济作物和热带作物有茶叶、甘蔗、花生、八角、草果、油茶、棕、菠萝、香蕉、荔枝，还适宜种南药。

流域工业不发达，虽有铜、金、镍、铁、钼、铅、锌等多种矿藏资源，并有一定储量，但目前仅是小规模开采，产量少、产值低。交通近年来发展较快，主要干线有昆（昆明）那（那发）线，另有干线联结个旧、元阳、绿春和红河诸县城。

流域干旱不突出，主要灾害为洪涝灾害。现有引水沟道3000多条，总引水能力近50立方米/秒，其中规模在0.3立方米/秒以上有65条。蓄水工程不多。中上游已建4座引水式电站，总装机3500千瓦，仅占流域水能蕴藏量的1.3%，未来开发潜力很大。

3. 南溪河

南溪河发源于红河哈尼族彝族自治州蒙自市东北鸣鹫、西北勒、狮子山一带石灰岩山地，经蒙自、屏边、文山、马关、河口五县于河口镇汇入干流，河流全长158千米，集水面积3752平方千米。中国红河哈尼族彝族自治州境为2539平方千米，占67.7%，文山壮族苗族自治州境为770平方千米，占25.5%，越南社会主义共和国境443平方千米，占11.8%，河口多年平均流量92.8立方米/秒，天然落差1924米，沿岸无集中农田。流域水能资源有较大的开发价值。下游河谷区海拔高程低，热量丰富，可以发展热带作物。

南溪河源地海拔2000余米，由东向西进入菲北水库，出库后折西南转东南到芷村入庄寨水库，后穿行在芷村等乡山地中，戈姑以下先为蒙自、屏边两县界河，后进屏边县境，流程在高原面上，河床比降小，支流少。从屏边县中部开始，河床下切，比降激增，从千余米下降到300米，两岸山脊线海拔1000米~2000米，相距10余千米，河流岸坡陡峭，沿岸有少量阶地和河漫滩。沿岸支流增多，多集中在左岸，主要有新桥河、北溪河、四岔河、小南溪河、金厂河、中越界河八字河及来自越境的班菲河。干流到河口县牛皮厂成中越界河，在河口镇入干流，汇合口海拔76.4米，为云南省境最低点。

流域地处黔（贵州）、桂（广西）地台西部边缘与昆明南端接合部，上段地质构造复杂，有四组北东—南西向断裂和三组北西—南东向断裂相互穿插，形成错综复杂的断裂构造网络。

金厂河河口以下，构造单一，西侧一支断裂与干流平行，中部一支南北断裂，东侧两支北东—南西断裂，三组断裂在小南溪河口一带交汇，形成从北到南辐合的扇形格局，控制了流域内河流的走向和山岭的分布。流域地层以中生代和古生代为主，局部夹沙页岩、千枚岩、板岩的石灰岩分布广泛。流域地势由北向南倾斜，是一个北高南低的大斜坡，来自西北、北、东北三个方向的三列山脉向下游辐合，山峦起伏，河谷深切，是一片地形破碎的峡谷中山地貌区。流域地处低纬度、低海拔、东南暖湿气流迎风坡，气候湿热。以河口气象站为例，年平均气温22.6℃，1月份均温15.3℃，7月份均温27.7℃，绝对最低气温1.9℃，大于等于30℃的高温天气155.3日，大于等于10℃年积温8255.3℃，热量资源十分丰富。11月至次年4月的旱季有雾，阴天多，不显得干旱缺水。流域南北跨度大、高低悬殊、气候垂直分异明显，随海拔与纬度增加，流域有南、中、北三个亚热带气候类型。植被以热带季风北缘的湿润雨林和季雨林为主，树种丰富多样。土壤由低到高分别为砖红壤、砖红壤性红壤、赤红壤、红壤、棕黄壤或黄壤。流域降水充沛，年均降水量达1790毫米，由下游往上游递增，雨季开始早，4月来临，10月结束，降水占全年总降水量的87%～88.9%，据南溪街水文站20多年来的资料记载，多年平均流量87.52立方米/秒，最小年径流量18.1亿立方米，最大年径流量45.6亿立方米。流域地下水资源丰富，多年平均7.8亿立方米，占总量的34%。主要为碳酸岩类岩溶水和变质岩类裂隙水。流域水土流失不重，枯季河水清澈见底。在河口镇干支流交汇处，可见浑浊的干流水和清澈的南溪水"泾渭分明"。流域水能理论蕴藏量59.7万千瓦，其中干流32.1万千瓦，占53.8%，支流水能资源集中于新桥河和四岔河。

流域云南省部分有人口25万，人口密度在60人/平方千米以上，农业人口占总人口的90%，世居民族有苗、瑶、哈尼等族。耕地总

面积约227平方千米，旱地比重很大，水田约7平方千米，不足总耕地的1/3。流域以农业为主，粮食作物有玉米、水稻、薯类、荞麦，经济作物有甘蔗、油菜、橡胶、茶叶、热带水果，农垦系统垦殖了数万亩橡胶种植园。工业基础薄弱，只有农机具修理、食品、茶叶、橡胶粗加工。昆河窄轨铁路及昆河公路两线为中越联系干线，在中越交往中起重要作用。

南溪河流域水资源上下游开发目标、利用方向差异较大。上游已建庄寨、菲白两座中型水库及4级抽水站，除解决本地少量用水外，主要通过工农大沟向蒙自市五里冲水库调水，以结束蒙自坝的干旱历史。中下游水量虽充裕，但喀斯特发育，山高坡陡，耕地零星分散，除耕地缺水外，还有4.5万人口和1.7万头大牲畜的饮水困难。流域有59.7万千瓦的水能蕴藏量，可开发利用21.0万千瓦，现已建24座小水电站，总装机容量达0.9万千瓦，开发程度达4.3%，今后应继续完善向蒙自坝的调水工程，提高芷村一带农田供水能力，以引水为

主，兴建小塘坝，提高流域灌溉能力，解决人畜饮水困难。围绕中越边境口岸建设，尽快完善水源、水能和航运的基础设施建设。

4.盘龙河

盘龙河古名壶水，曾名盘龙江、开化大河、清大河，为红河左岸单独出境的一级支流。

发源于文山壮族苗族自治州砚山县，经文山、西畴、马关、麻栗坡等县到船头出中国境入越南社会主义共和国称泸江。流域内文山州人口密度大，经济较发达。

盘龙河发源于砚山县西部阿舍乡尼龙拱季节性下降泉，过平远镇，集四面来水，经稼依镇入文山市，过红甸、秉烈、马塘等乡后入文山坝，到下天生桥经西畴、马关交界，入麻栗坡县麻栗镇天保农场船头出中国境到越南，河长231千米，流域面积6415平方千米。

全河蜿蜒曲折，犹如盘龙，故名盘龙河。全河落差1403米，平均比降6.07‰，干流以席草塘、白后岩（文山市境进出口）为界，分上、中、下游三段。上游贯穿回龙坝、丰收、稼依三水库所在地平远

街盆地，河床比降小，河道宽浅，地表水系不发育，地下水状况异常复杂，常年出水、落水或汛期出水，枯期落水的洞穴随处可见。中游在经砚山、文山之间峡谷后进入长条状文山河谷盆地，河宽40米～50米，河道迂回曲折，水流平缓，行程不畅，极易泛滥成灾。支流多集中于右岸，主要有德厚河、马过河、顺甸河（幕底河）和布都河。左岸仅有暮科格河。下游河流沿西畴、马关两县交界到南捞河入口进入麻栗坡县，过南温河乡时又叫南温河，纳支流畴阳河后流向转东南，于天保农场船头出中国境。下游为中低山地，河床切割深，河宽40米～60米，出境段增至70米～80米。流程内有天保一条带状狭长河谷平坝。在河长85千米的范围内，河底高程从1225米下降到125米，两岸支流近30条，其中最大的畴阳河，长66.7千米，流域面积583平方千米。全河支流多而小，且偏集于河的一侧，呈不对称水系。地表径流不发育。流域内有大片的地表无流区；地下河较多，有的河流明暗段交替，具有典型的

喀斯特区水系特征。

流域地势北部高，中上游为滇东喀斯特高原南缘，溶蚀盆地占相当比重，南部低，受中低山控制，山地崎岖不平。干流多峡谷、嶂谷。流域内最高峰是薄竹山，海拔高度2991米，最低为船头，河面海拔仅107米。

流域地貌最突出的特点是石灰岩广布，喀斯特地貌非常发育，连片峰林，孤立残峰、断岩、峭壁遍布，盆地与河谷边缘的峰林间石芽、漏斗、洼地、干沟、盲谷甚多。面积在4平方千米以上的盆地有平远街、文山、红甸、古木、德厚、热水寨、鲁都克等。

流域地处扬子板块文山—西畴岛弧西缘，文山—麻栗坡主断裂北西—南东向纵贯中部，岛弧西缘四组北东—南西弧状断裂与主断裂交叉，另外东西向、北西—南东向、北南向的次级断裂也很发育，形成流域错综复杂的构造格局，控制了流域干支流的走向及地貌结构。

流域大部分在北回归线以南，东南暖湿气流循河谷北上，气候湿润，以中亚热带气候为主。

北部较高山地有北亚热带气候特征，南部低海拔河谷有北热带气候分布。

流域中上游为喀斯特山原季风常绿阔叶林，表土因水土流失而缺少，植被以刺栲、木莲为主，灰岩上以短序桢楠、滇阔楠为主，云南松的分布也广。下游是峡谷中低山湿润雨林及山地苔藓林植被，以滇木花生、云南覃树、木兰科、樟科树种居多，人工植被以橡胶林为主，云南松少见。

中上游土壤垂直分异不明显，岩层基底影响较大，灰岩地区以红壤、赤红壤为主，水土流失严重。非灰岩地区，土壤保水保肥力强；下游地区土壤垂直分异明显，海拔500米以下为砖红壤，500米～1000米为山地赤红壤，1000米～1800米以黄壤为主，2000米以上为黄壤。

流域年降水量在900毫米～1800毫米之间，由下游往上游递减，表现出降水与距海洋远近相关关系。上游文山以北是少雨区，年降水量900毫米～1000毫米。下游勐硐河和船头一带是多雨区，年降水量达1800毫米。而1100毫米～1400毫米的等雨量线平行分布在河流两岸。流域年降水总量为77.1亿立方米，丰水年达87亿立方米，枯水年也在58.4亿立方米以上，是红河流域降水量最多的地区之一。

蒸发与降水分布相反，下游水面蒸发1000毫米～1200毫米，中上游则为1200毫米～1300毫米，稼依坝区达1340毫。米为流域最高值。陆面蒸发中上游为620毫米～630毫米，下游达700毫米。

下游天保水文站控制流域面积6123平方千米，占全流域面积的95.4%，多年平均径流量28.5亿立方米，丰水年34.4亿立方米（1964年）、枯水年19.4亿立方米（1977年）。流域碳酸盐岩类分布广，地下水资源丰富，为9.89亿立方米，占河川径流总量的31.9%。

5.八布河

八布河发源于文山壮族苗族自治州西畴县，经麻栗坡县单独出境入越南社会主义共和国后称棉河，在越南北部河江市附近入泸江后入红河。在中国境内河长51.5千米，流域面积1271平方千米。该河是条多源型河流，源头有西、中、东三支。西支石鹅河源于西畴县坪寨乡法古村东，流经牛塘子、河边、陆家寨到沙子坡下与中支相会；中支小弯河源于上厂村西，经火头寨、小弯等地；东支安春河源于西畴县与麻栗坡县交界处的南昌水库上游，由北向南沿两县交界至无咪山前，三源汇合后东南向入麻栗坡县境，穿八布乡到干村下1千米处出中国境入越南。出境海拔不到400米。

八布河支流较多，流域呈圆形，是一片崎岖的石灰岩山地，河流比降大，河谷狭窄。流域内有多条多向断裂互相穿插交叉，构造复杂散乱。流域降雨入渗快，汇集也快。上游和两岸山地为中亚热带气候。中下游河谷深切，海拔低，为南亚热带气候。河谷干热，山地凉爽多雾。季风常绿阔叶林是流域主要植被，赤红壤和红壤是流域的主要土壤。流域降水充沛，年平均降水量达1492毫米，谷地少而山地多。年均径流量9.78亿立方米，丰水年达11.73亿立方米，枯水年6.65亿立方米。流域属轻度水土流失区。水质除氯化物含量偏高外，其余元素均属一般。流域水能理论蕴藏量10.9万千瓦，其中干流3.1万千瓦，占28.4%，支流7.8万千瓦，占71.6%，流域现有耕地114平方千米，0.01平方千米有水资源量87285立方米。现以引水灌溉为主，共有引水渠31条，其中0.3立方米/秒以上有5条。有3座小型水库，即三岔河、南昌、关吉，总灌溉面积约5.73平方千米。已建南岭一级电站，装机2000千瓦，坪寨电站装机150千瓦，柏林电站装机75千瓦，南岭二级在建设中。

流域位置偏僻、人口不多、经济发展相对落后，近期水利水电资源难以大量开发，主要依靠当地政府先解决农田灌溉和人畜饮水。建议加大水电开发力度，以电供能代柴养水，开放生活用电，减少森林破坏，保持水土，涵养水源，提高环境质量。

6.迷福河

迷福河为红河三级支流，位于南溪河与盘龙河之间，单独出中国境。发源于马关县八寨乡鱼洞村南，经河口县桥头乡后，再返回马关县，沿河口、马关交界纳响水河后沿中越边界而流，为两国界河。后逐次进入斋河、泸江、红河。在纳响水河之前叫清水河，纳响水河之后叫大梁子河。该河全长60.3千米，集水面积1013平方千米。源地海拔1850米，响水河交汇口海拔458米，两地高差1392米，平均比降20‰。响水河又名南山河，也有人称落却河，是迷福河的最大支流。河长51.8千米，集水面积436平方千米，天然落差2004米，流经马关县城附近，社会经济意义大于干流。流域中部和西部发育着两支由西南向东北呈放射状的断裂并与东西向和北西—南东向断裂交汇，构成网状格局，控制了迷福河干河的发育。流域内喀斯特非常发育，崎岖的地表峰林遍布，河谷深切。地势北高南低，地面坡度大，河流裂点、陡坎多，溶蚀盆地发育，面积在5平方千米以上的有马鞍山、老寨、马关、水礁房、西布甸，面积一二平方千米的洼地也不少。其中马关盆地为马关县城所在地，人口较多、经济较发达。流域水质良好，除硬度达三级外，其余指标均为一级水标准，流域河川径流总量多年平均为10.37亿立方米，丰水年达12.05亿立方米，枯水年为7.12亿立方米，河流年平均流量32.8立方米/秒。水能资源理论蕴藏量为25.9万千瓦，可开发水能7.68万千瓦。规划建两座1万千瓦以上电站，大梁子电站1.36万千瓦、棉花山电站1.81万千瓦。流域现有耕地146平方千米，总人口15万，流域经济以农业为主，作物有水稻、玉米、小麦、杂粮，经济作物和药材有油菜、花生、三七、大麻、腊烟、生姜、砂仁、草果。工业除水电外，有钨砂和锡的采矿业，榨糖业等，规模均不大。流域已建马鞍山中型水库1座，坝高23.5米，拱坝新颖别致，引人注目，总库容1140万立方米，灌溉面积3.2平方千米。

迷福河流域降水丰富，湿度大，干旱指数低，大气水分条件好，可充分利用这一优越的自然条件，调整产业结构，以较小投入获取较大效益。以后应以水电开发为先导，加大水能资源开发力度，并兼顾农田灌溉，提高农产品产量；坚持水土保持工作，改善流域生态环境，促进流域社会经济全面发展；打通北达文山、南抵河口的公路干线，充分利用靠近邻国越南的优势，发展商贸、边贸，把流域经济提高到一个新的水平。

7.南利河

南利河壮语意为冷水河，又名董金河、普梅河，为红河左岸三级支流，是红河流域在云南省最东边单独出境的河流。发源于云南省砚山县县城东部蚌峨乡，经西畴、麻栗坡和广南县、富宁县交界，富宁县与越南交界，于富宁县田蓬乡大田村附近出中国境入越南。在越南称儒桂河（下段叫甘河），在宣化附近入泸江。中国境内河长162千米，流域面积3638平方千米，天然落差1045米，平均比降6.45‰，多年平均出境流量62.4立方米/秒。流域内连片集中耕地少，较大的有鸡街河谷坝，主要城镇有西畴县城。流域内石灰岩广布，普遍干旱缺水，支流有一定的灌溉价值。流域水能资源丰富，现在开发利用程度不高。

南利河上游段在砚山县境叫八夏河，也叫坝达河。由西北流向东

南，集水面积704平方千米，年径流量总2.46亿立方米。流程在滇东喀斯特高原南缘，平均海拔1488米，河床切割浅，沿岸支流发育。中游段过西畴县东北后，行进在麻栗坡与广南、富宁交界地带，蜿蜒在石灰岩山地中。除西畴境鸡街有面积不大的平坝外，其他河段均为峡谷，两岸支流不对称，全部集中在左岸。流域面积在100平方千米以上的有荒田河、鹦哥塘河、贵马大河、石笋河、鼠街河、黑支果河等。

流域受文山—西畴弧控制，山脉走向为向北凸出的弧状山体，受流水侵蚀、溶蚀，山体破碎，上下游、左右岸地层有明显区别。流域地貌最突出的特征是石灰岩广布，喀斯特发育，土山、石山并存，地表崎岖不平。流域在北回归线附近，又靠近北部湾和南中国海，受东南季风影响，加之纬度偏南，得到较多的光、热、水汽。气候为南、中亚热带气候类型。

流域总人口约33万，其中农业人口32万人，占总人口的98.5%，主要分布在上游坝区和河谷，山区人口稀少。民族以汉族、壮族为主，苗族也有相当数量，而彝、回、瑶、傣等族呈大分散、小集中的格局。流域经济以耕作业为主，旱地占总耕地面积的85.7%，水田仅占14.3%，作物以水稻、玉米为主，经济作物有甘蔗和三七。宜林宜牧面积广，但林牧业不发达。流域地处边疆，交通条件差，以县乡公路为主，河流无航运价值。麻栗坡、富宁与越南接壤，边贸历史悠久，发展也有前景。